알고 나면 더 가보고 싶은

프랑스 성당

크리에이터
이주현의
성당 순례

1

알고 나면 더 가보고 싶은

프랑스 성당

이주현 지음

민요사

일러두기

이 책에서 사용된 인명과 지명은 국립국어원의 '외래어 표기법'에 따라 표기했다. 단 일부 명칭, 이를테면 아빠스, 떼제, 아르스 등은 우리나라 가톨릭교회에서 통용되는 표기를 따랐다.

성당과 한번 친해져볼까요?

제가 프랑스 엑상프로방스에서 살았던 집은 주교좌성당에서 그리 멀지 않은 곳에 있었습니다. 그래서 때가 되면 커다란 종탑에서 울리는 종소리를 가까이서 들을 수 있었죠. 댕~ 댕~ 하고 울려 퍼지던 종소리가 아직도 제 기억에 남아 있습니다. 종소리는 시간을 알려주는 역할만 하는 게 아니었어요. 바삐 지나가던 사람들의 발길을 붙잡고 잠시나마 숨을 돌릴 수 있는 여유를 주기도 했죠.

성당은 아주 오래전부터 유럽 사람들의 발길을 붙잡는 역할을 했습니다. 언제나 마을 한가운데에 세워졌고 수없이 종을 울려대며 존재 이유를 알렸습니다. 사람들은 가톨릭교회의 예배인 미사를 드렸을 뿐만 아니라 그곳에서 오랜만에 친구들을 만나고 이야기를 나누며 친교의 시간을 가지기도 했습니다. 때로는 전시와 공연 같은 문화 혜택을 누리기도 했죠. 그러다 보니 성당을 이용하는 사람들은 삶의 중요한 순간을 그 공간에서 만들어갔습니다. 한마디로 성당은 동네 사람들을 위해 마련된 엔터테인먼트 공간이었던 거예요.

오랜 시간이 흘러 마을이 도시로 변하고 자연 풍경이 바뀌어도 성당은 굳건히 처음 그 자리를 지키고 있습니다. 그래서 사람들은 성당에 잠시 들어가 시간을 멈추고 과거의 기억을 꺼내보기도 합니다. 성당이 타임캡슐의 역할을 하는 것이죠. 유럽을 여행하면서 성당을 방문하는 이유도 바로 여기에 있습니다. 달리는 시간을 멈추고 잠시 과거의 사람들과 교감해보는 것, 멋지지 않나요?

그런데 저는 많은 사람들이 성당의 매력을 잘 모르고 있는 것 같다고 생각합니다. 어떤 사람들은 유럽 여행을 하면서 성당에는 아주 잠깐 들렀다가 나가기도 하더라고요. 아무래도 발길 닿는 곳마다 성당, 성당, 또 성당이 보이니까 성당이 지겨울 법도 하겠죠. 그러나 아는 만큼 세상이 잘 보이는 법! 이제 저는 성당에 숨겨진 이야기를 팍팍 긁어서 여러분께 안겨드리려고 합니다. 아는 만큼 성당도 재미있게 이해할 수 있다는 걸 알려드리고 싶거든요.

저는 이 책에서 프랑스 성당들을 소개하려고 해요. 프랑스는 '교회의 맏딸'이라는 별칭으로 불리며 교황의 전폭적인 지지를 받아 가톨릭교회의 중심 국가로 성장했거든요. 그래서 세상에서 가장 아름다운 고딕 성당인 파리 노트르담 주교좌성당을 지었고, 엑상프로방스 생소뵈르 주교좌성당을 포함해 수많은 주교좌성당을 곳곳에 세웠습니다. 이뿐만이 아니죠! 이 책에서는 두 군데만 소개하지만 프랑스는 가톨릭교회에서 공식적으로 인정한 성모 발현 성지가 무려 네 곳이나 있는 나라입니다. 프랑스 남쪽 어느 마을에는 한국과 아주 깊은 인연을 맺고 있는 성당도 있죠.

한편 이 책은 성스러움과 속됨의 경계를 살짝 무너뜨려보려는 작은 시도이기도 합니다. 제가 대학에서 종교학을 전공할 때 교수님은 종교와 문화의 경계가 점점 허물어지고 있다고 말씀하셨어요. 사람이 사는 곳에 종교가 있고 종교적 지식을 조금이라고 알고 있다면 세상을 이해할 수 있다고 가르치셨죠. 그리고 제가 프랑스로 공부하러 떠날 때 종교를 재미있게 이야기할 수 있는 사람이 되면 좋겠다고 조언을 아끼지 않으셨어요.

저는 비그리스도교 문화권인 우리나라 사람들이 성당의 진정한 가치를 발견했으면 좋겠어요. 아직까지 우리나라에서는 성당을 종교적 기능을 수행하거나 사람들이 모이는 장소로만 이해하고 있습니다. 아무리 미술적 가치가 높고 신학적 의미를 담은 성당을 지어도 동네에 재개발이 시작되면 가차 없이 무너뜨려버리죠. 또 종교의 검소함만을 지나치게 강조한 나머지 성당을 제대로 짓지 못해서 얼마 안 가 재건축을 할 수밖에 없는 상황에 처하는 경우도 있습니다.

성당과 한번 친해져보면 어떨까요? 성당을 단순히 방문하는 게 아니라 성당을 '읽을' 수 있는 분들이 많아져서 숨겨져 있는 이야기를 발견하고 즐거워했으면 좋겠습니다. 마치 밭에서 우연히 보물을 발견하고 기뻐하는 것처럼 말이죠. 그리고 언젠가는 우리도 성당뿐만 아니라 사랑하는 건물에 자신의 이야기를 담고 감정도 숨겨넣을 수 있는 날이 올 수 있기를 바랍니다.

이 책을 더욱 재밌게 읽는 방법을 하나 알려드릴게요! 각 성당 이야기의 끝에 QR 코드를 넣었어요. 성당의 다양한 모습을 제가 직접 만든 영상으로 확인할 수 있으니까 꼭 QR 코드를 찍어보시길 바랍니다!

자, 이제 저와 함께 성당의 세계로 떠나볼까요?

2025년 2월

여전히 성당을 찾아다니며

이주현

우리는 흔히 가톨릭, 정교회, 성공회 신자들이 모이는 장소를 성당으로, 개신교 신자들이 모이는 장소를 교회로 분리해서 부르고 있습니다. 그런데 사실 교회는 그리스도교의 모든 공동체를 가리킵니다. 가톨릭, 개신교, 정교회, 성공회 등 모든 정통 그리스도교에 해당하는 단어죠. 그래서 교회를 가리키는 영어 단어인 처치 church는 지역의 문화적 배경에 따라 개신교 교회를 가리킬 수도 있고 가톨릭 성당을 가리킬 수도 있어요. 만약 영어를 쓰는 나라에서 내 앞에 있는 그리스도교 건물이 정확하게 어떤 교파의 건물인지 알고 싶으면 구체적으로 말해야 합니다. 예를 들어 가톨릭 성당은 가톨릭 처치 Catholic church, 개신교 예배당은 프로테스탄트 처치 Protestant church라고 말이죠.

그런데 성당의 명칭이 역할에 따라 달라진다는 거 알고 계시나요? 성당이라고 해서 다 같은 성당이 아니라는 겁니다! 성당에 얽힌 이야기를 풀어내기 전에 이게 무슨 뜻인지 하나씩 살펴보겠습니다.

커시드럴^{cathedral}은 우리말로 '주교좌성당'이라고 부릅니다. 주교좌는 말 그대로 주교가 앉는 의자를 가리킵니다. 가톨릭교회는 교구라고 하는 행정 구역이 전 세계적으로 나눠져 있는데 이 교구를 관리하는 성직자를 주교라고 부르거든요. 근대 이전에는 주교가 영주만큼 힘이 강력했고 어느 때는 왕보다 더 큰 권한을 행사하기도 했어요. 그래서 주교가 앉는 의자는 주교의 존재, 힘, 권한을 상징했죠. 주교가 저 멀리 다른 곳에 가더라도 사람들은 주교좌를 보면서 그의 존재와 권한을 떠올릴 수 있었어요. 바로 이 주교의 의자가 놓여 있는 곳, 주교가 상주하며 모든 권한을 행사하는 성당이 커시드럴, 즉 '주교좌성당'인 것이죠.

그런데 우리나라에서는 사회 통념상 커시드럴을 '대성당'이라고 번역해 사용하고 있어요. 정확히 말씀드리면 틀린 표현입니다. 대성당大聖堂은 말 그대로 큰 성당을 가리키는데 커시드럴에는 크고 작은 공간적 의미가 전혀 담겨 있지 않거든요. 아무래도 우리나라는 전통적으로 그리스도교 문화가 아니었고 한국 가톨릭교회가 세워진 지 250년도 안 되었기 때문에 서양에서 쓰는 용어가 정확하게 번역되지 못한 것 같습니다.

이참에 다른 성당의 명칭도 알아볼까요? 앞으로 보게 될 성당 이름에 바실리카^{basilica}라는 단어가 자주 나올 거예요. 바실리카는 아주 특별한 성당을 가리키는데 우리말로 '대성전大聖殿'이라고 부릅니다. 더 자세하게 파고들면 바실리카는 크게 주대성전major basilica 과 준대성전minor basilica으로 나뉘어요. 주대성전은 교황이 직접 관리하는 성당인데, 흔히 로마의 4대 대성전*을 말합니다. 그 밖의 바실리카는 모두 준대성전이에요. 성인saint과 관련된 성당이거나 독특한 역사를 간직하고 있는 성당 혹은 교황이 인정할 만한 특별한 이유가 있다면 바실리카, 즉 대성전이라는 칭호를 교황으로부터 받을 수 있습니다. 우리나라에도 바실리카가 있는 거 아세요? 바로 목포 산정동 준대성전이랍니다. 정식 명칭은 '우리 주 예수 그리스도의 성 십자가 현양 대성전'입니다.

그 밖에 특수한 목적으로 지어진 성당을 가리키는 말도 있어요. 흔히 채플chapel이라고 하는데 우리말로 '경당輕堂'이라고 부릅니다. 채플이라는 이름은 성 마르티노의 망토를 지키는 공간에서 유래했습니다. 성 마르티노는 4세기 프랑스 땅에서 활동한 군인이었는데 지나가는 길에 한 걸인을 보고 자신의 망토를 반으로 잘라 나눠 줬다고 해요. 그날 밤 그는 꿈에서 반으로 잘린 망토를 입고 있는 예수를 만났고 잠에서 깨어보니 반으로 잘린 자신의 망토가 하나로 복구돼 있는 경험을 합니다. 이후 성 마르티노의 망토는 성스러운 유물이 돼 한 공간에 대대로 보관됐는데 바로 망토의 라틴어 카파cappa에서 채플이라는 말이 생긴 것입니다.

그래서 경당은 애초부터 사제가 파견되는 정식 성당이 아니에요. 특정 공동체나 특별한 목적을 위해 마련된 기도 장소인데, 가끔

* 대성전 중 가장 등급이 높다. 성 요한 라테라노 대성전, 성 베드로 대성전, 성모 마리아 대성전, 성 밖 성 바오로 대성전이 이에 해당한다.

씩 미사가 필요한 상황이 생기면 사제가 와서 미사를 집전해주는 정도죠. 평소엔 주로 신자들만 모여서 기도를 합니다. 우리나라는 망토에서 유래한 말보다 기도 책을 놓고 함께 기도한다는 의미를 담는 게 더 적합하다고 여겨서 초기 교회 때부터 경당이라고 부르고 있답니다.

예를 들어 어떤 곳이 있는지 볼까요? 수녀원에 있는 성당은 모두 경당이에요. 수녀님들의 수도 생활을 위해 지어졌기 때문이죠. 또 아주 오래된 주교좌성당을 보면 기둥과 기둥 사이에 혹은 사람들의 발걸음이 잘 닿지 않는 곳에 작은 공간을 마련해두기도 하는데 그곳도 경당이라고 부릅니다. 프랑스에서는 왕족과 귀족이 사는 성마다 자기 가족이 함께 기도할 수 있는 경당을 짓기도 했습니다.

아주 미묘한 차이로 오라토리oratory라고 불리는 공간도 있어요. 우리말로 '기도실'이라고 불리는데 경당보다 이용하는 대상의 폭이 개인 혹은 소수의 집단으로 더 좁고 사적으로 기도하는 공간을 가리킵니다. 보통 십자가나 성상 정도만 놓여 있어요. 예를 들어 성당 옆에는 신부님이 거주하는 사제관이 있는데 신부님의 개인 기도 생활을 위해 따로 기도실을 만들기도 하고, 또 신학교에서는 모든 신학생들이 신자들과 함께 기도할 수 있는 경당도 마련하고 있지만 개개인의 신학생만을 위해서 특정 건물에 기도실을 두기도 해요.

마지막으로 크립트crypt라고 부르는 '지하 경당'이 있습니다. 무덤이 있는 경당입니다. 전통적으로 성당 건축은 먼저 신앙생활을 하다 세상을 떠난 성인 혹은 순교자들의 무덤 위에 세워졌는데 시간이 지나면서 이 무덤에 성직자와 왕족, 귀족 그리고 일반 신자들도 시신을 안치할 수 있게 되었어요. 그래서 지금도 유럽의 성당에 가면 지하에 무덤이 있거나 성당 옆 공원에 공동묘지가 넓게 조성돼 있는 걸 볼 수 있죠.

우리나라 서울의 명동 주교좌성당 지하에도 지하 경당이 있어요. 조선 시대에 순교한 우리나라 순교자들과 프랑스 선교사들의 무덤이 모셔져 있습니다. 또 서울의 용산 성당에는 건물 주변으로 넓은 공동묘지가 조성돼 있는데 서울에서 활동하다 돌아가신 신부님들이 잠들어 있어요.

이렇게 설명해도 아마 주교좌성당이 무엇인지, 경당이 무엇인지, 지하 경당이 무엇인지 당장 이해하기는 힘들 거예요. 어쩌면 우리가 흔히 불러왔던 것처럼 뭉뚱그려 '성당'이라고 부르는 게 더 쉬울 수도 있겠어요. 뭐, 사실 그래도 상관없습니다. 예배를 위해 지어진 공간이라면 모두 성당이니까요. 그런데 알고 나면 보이지 않던 게 새롭게 보이듯이, 성당 명칭들을 잘 이해하고 나서 성당을 바라보면 성당의 새로운 면모를 발견할 수 있습니다.

또 해외여행을 할 때 도움이 되기도 할 겁니다. 외국에서는 한국어로 성당이라고 씌어 있지 않잖아요. 제가 앞에서 설명한 것처럼 각각의 기능에 맞춰 다르게 적혀 있거든요. 예를 들어 파리 노트르담 성당의 이름이 Cathédrale Notre-Dame de Paris라고 씌어 있으면 주교좌성당이라는 걸 단박에 알 수 있겠죠. 무엇보다 다른 나라 사람들과 대화할 때 보다 정확하고 더 풍성한 얘기를 나눌 수 있을 것입니다.

차례

ℳap 이 책에 소개된 프랑스 성당

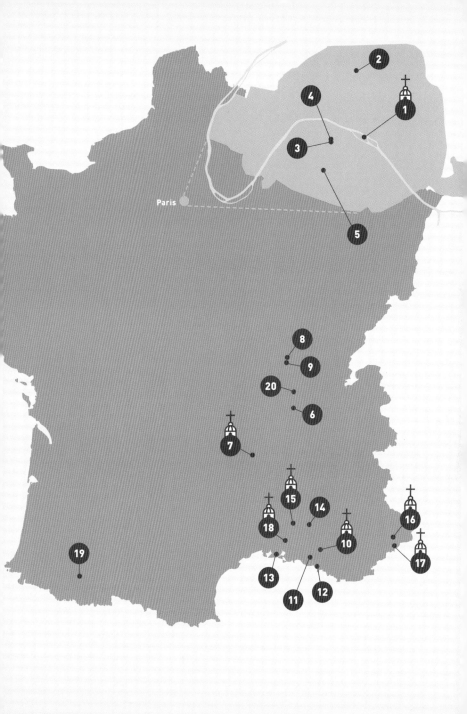

Paris

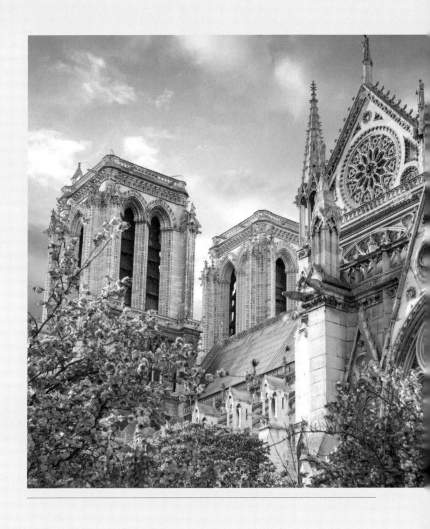

프랑스의 상징

파리 노트르담 주교좌성당
Cathédrale Notre-Dame de Paris

만약에 이 세상에서 가장 아름다운 성당이 무엇이냐고 묻는다면, 대부분의 사람들이 프랑스 파리의 노트르담 주교좌성당이라고 답할 거라 생각합니다. 중세 유럽 건축을 꽃피운 고딕 양식의 표본이자 끝판왕이죠. 상상해보세요, 성당 한가운데 세워져 있는 뾰족탑은 하늘 높이 떠 있는 구름마저 뚫을 듯이 우뚝 솟아 있고, 성당 정면에 있는 두 개의 탑은 누구든 성당 안으로 들어오라고 손짓하는 것처럼 완만한 모습을 보여주고 있어요. 실내는 어떤가요, 이 성당에는 아주 특별한 빛이 스며들고 있습니다. 장미창을 비롯해 형형색색의 유리를 통과한 빛은 우리를 천국으로 초대하는 것처럼 느껴집니다.

제가 파리 노트르담 주교좌성당에 처음 방문했을 때가 2014년 여름이었습니다. 대학교 졸업 후 50일간 유럽 배낭여행을 했는데, 여행의 첫 시작점이 바로 파리였죠. 그래서 제가 여러분에게 들려드리고 싶은 프랑스 성당 이야기도 파리 노트르담 주교좌성당부터 시작하려고 합니다.

정확히 알면 더 이해하기 쉬운 성당

먼저 이 성당의 정확한 이름을 알아야겠네요. 흔히 우리는 '노트르담 대성당' 혹은 '노트르담 드 파리'라고 부릅니다. 둘 다 맞는 말이기도 하고 틀린 말이기도 합니다.

먼저 노트르담이 무슨 뜻인지 알아보겠습니다. 가톨릭교회에서는 성당을 새로 지어 이름을 붙일 때 성모 마리아의 칭호(바다의 별, 성모 승천 등) 혹은 지상을 살다가 하늘나라에 들어간 성인들(성 베드로, 성 프란치스코 등)의 이름을 따옵니다. 성당이 하느님을 향한 예배와 기도의 공간이긴 해도 주보성인이라고 일컫는 수호성인을 지정해서 성당이 죽은 사람과 산 사람이 함께하는 하나의 공동체가 되도록 하는 것이죠.

이상하게 들릴 수 있겠지만, 가톨릭교회에서는 산 사람이 이미 천국에 간 성인들의 도움을 요청해서 하느님께 기도할 수 있다는 가르침이 있습니다. 그래서 성당 명칭도 주보성인의 이름을 따서 짓는 것이죠. 가끔은 예수의 칭호(그리스도왕, 구원자 등)로 이름을 짓기도 합니다. 노트르담은 프랑스어로 '우리의^Notre 어머니^Dame', 곧 성모 마리아를 가리키는 존칭입니다. 파리에 있는 이 성당은 성모 마리아의 존칭을 따와서 이름을 지은 것이죠.

그런데 이 성당은 대성당이라고 부르기보다 '주교좌성당'이라고 불러야 타당합니다. 더 정확하게 말하면 '파리 노트르담 주교좌성당' 혹은 '파리의 성모 주교좌성당'입니다. 가톨릭교회는 자체적으로 행정 구역이 나뉘어 있는데 이것을 교구°라고 합니다. 그렇다면 이 교구를 관리하는 수장이 필요하잖아요. 한 교구를 책임지고 관리하는 사람을 주교라고 합니다. 주교는 가톨릭교회 성직자

° 효율적인 행정 처리를 위해 여러 교구가 모여 관구管區를 이루는데, 관구의 중심이 되는 교구는 대교구가 되고, 그 교구의 주교는 대주교가 된다. 파리 교구는 파리 관구의 중심 교구로서 대교구다.

파리 노르트담 주교좌성당의 외부와 내부 전경, 장미창.

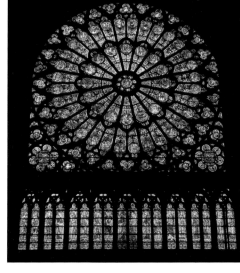

중에서도 가장 높은 성직 품계°입니다. 바로 이 주교의 의자가 놓여 있는 곳, 주교가 상주하며 모든 권한을 행사하는 성당이 '주교좌성 당Cathedral'인 것이죠.

한마디로 파리 노트르담 주교좌성당은 파리 교구의 행정 중심지이자 신앙 중심지입니다. 성당의 중앙 제단에 멋스러운 의자와 그 주변에 귀족 가문에만 있을 법한 문장이 붙어 있는데요, 그게 바로 주교가 앉는 의자, 즉 주교좌입니다. 그러니 이 성당을 방문하게 된다면 주교좌를 한번 찾아보는 것도 재미있을 겁니다. 그리고 노트르담 주교좌성당 앞에 파리를 꼭 언급해줘야 해요. 왜냐고요? 이유는 아주 간단합니다. 프랑스 전역에 노트르담이라는 이름을 쓰는 주교좌성당이 엄청 많이 있거든요!

중심에서도 가장 중심적인

파리 노트르담 주교좌성당이 위치한 시테 섬은 파리 한가운데 있는 아주 작은 섬입니다. 그러나 그 역사적 가치는 엄청납니다. 로마의 기록에 따르면 기원전부터 이 섬에 사람이 살았다고 해요. 파리 역사의 시작이 곧 시테 섬인 겁니다. 그래서 지금도 프랑스 도로를 환산하는 도로 영점 표지석이 시테 섬 안에 있습니다. 이 표지석에 발을 올려놓으면 파리에 다시 돌아온다는 속설이 전해지기 때

● 가톨릭교회의 성직자 품계는 주교, 사제, 부제로 나뉜다. 실질적으로 교황이 가톨릭교회의 가장 높은 성직자이지만, 교황도 성직자 품계에선 주교 품계에 속한다.

▲ 메랭의 1615년 파리 지도.

▼ 시테 섬에 있는 도로 영점 표지석.

문에 많은 관광객들이 발을 딛으려고 줄을 서지요.

그래서 파리 노트르담 주교좌성당도 이 섬 안에 지어졌습니다. 천5백 년이 넘는 시간 동안 유럽 가톨릭교회의 중심은 프랑스였고 프랑스가 곧 가톨릭이었으니 시테 섬에 상징성 있는 큰 성당을 짓는 건 별로 어려운 일이 아니었을 겁니다. 그런데 프랑스 역사에 비해 성당 건립은 비교적 늦게 시작됐어요. 481년에 클로비스 1세 왕이 프랑크 왕국을 세우고 800년에 샤를마뉴 황제가 교황에 의해 새로운 로마제국의 주인으로 등극했지만, 파리 노트르담 주교좌성당은 한참 뒤인 1163년에 짓기 시작해 1345년에 완공됐습니다. 아무래도 중세가 돼서야 큰 건축물을 지을 수 있는 기술이 발전했기 때문일 겁니다. 그래서 이 시기에 고딕 성당의 황금기라 할 수 있을 정도로 유럽 전역에 주교좌성당 건립 붐이 일어났던 것이죠.

주교좌성당을 짓는 것은 그 도시에서 아주 상징적인 일이었습니다. 당시 유럽 사회는 종교와 정치가 매우 밀접한 관계를 맺고 있었기 때문에 가톨릭교회가 곧 나라 자체를 의미했죠. 교황이 황제를 임명하고, 황제는 교회에 충성하면서 신앙심으로 나라를 운영해야 했습니다. 파리 주교는 프랑스 왕의 스승이자 정치 자문인이었죠. 그래서 주교좌성당 옆에는 왕궁이나 시청이 반드시 존재했습니다. 더불어 최고의 교육을 받은 성직자와 수도자들이 학교를 세워 교육과 사법을 담당했고 병원을 세워 시민들의 건강도 책임졌습니다. 지금도 가톨릭교회에서 운영하는 교육기관과 의료기관이 존재하는 이유가 바로 이런 전통에서 기인한 것이죠. 이처럼 파리 노트르 담 주교좌성당은 종교적 의미를 뛰어넘어 한 나라의 사회 시스템이 집약돼 있는 중심 중의 중심이었습니다.

예수의 흔적이 남아 있는 특별한 장소

한때 유럽에서는 예수의 흔적을 찾아 예루살렘과 그 주변을 여행하는 게 유행이었습니다. 대표적으로 4세기에 살았던 콘스탄티누스 대제의 어머니인 성녀 헬레나는 실제로 예수가 못 박혔던 십자가의 나뭇조각과 가시관을 찾아냈죠. 결론부터 말씀드리면 이때 찾은 십자가의 나뭇조각과 가시관은 파리 노트르담 주교좌성당에 보관돼 있습니다. 참 이상하죠, 어떻게 예루살렘에서 머나먼 프랑스 파리까지 귀중한 물건들이 오게 된 걸까요?

성녀 헬레나의 노력으로 찾은 이 두 물건은 이후 천 년 가까운 시간 동안 동로마제국의 수도 콘스탄티노플(지금의 이스탄불)에 보관돼 있었다고 합니다. 그런데 헬레나만큼 신앙심이 두터운 인물이 나타났으니, 바로 프랑스 왕 루이 9세(1214~1270년)입니다. 루이 9세는 십자군 전쟁으로 어지러운 정세와 재정적인 어려움에 빠진 동로마제국의 빈틈을 이용해 당시 성당을 세 개 지을 수 있는 거금을 들여 십자가의 나뭇조각과 가시관을 사 옵니다. 이뿐만 아니라 예수

▲ 루이 9세가 콘스탄티노플에서 가시관, 성창, 십자가의 나뭇조각 등 성 유물을 받는
　 장면, 14세기 채색 삽화.

◆ 루이 9세가 가시관을 생트샤펠에 보관하는 모습, 15세기 채색 삽화.

▼ 파리 노트르담 주교좌성당에 있는 예수의 가시관.

의 몸을 찔렀던 창을 포함한 여러 유물까지 사 오게 되죠.

이후 이 유물들을 보관할 성당을 시테 궁 안에 짓게 되는데 바로 생트샤펠Sainte-Chapelle입니다. 샤펠은 우리말로 경당이라 부릅니다. 정식 성당이 아니라 개인적인 용도나 수도원 같은 공동체의 용도로 지어진 작은 건물이죠. 그러니까 생트샤펠은 왕실 경당이자 거룩한 유물 보관소인 셈입니다. 그래서 별도의 이름을 짓지 않고 단어 그대로 '거룩한 경당'이라 부르게 된 게 아닌가 싶어요.

그러나 프랑스 혁명으로 여러 가톨릭 건물과 왕궁이 파괴되면서 생트샤펠에 보관돼 있던 유물들을 정부 기관에서 임시로 보관했습니다. 그러다가 파리 노트르담 주교좌성당으로 다시 옮겨지게 됐죠. 지금도 성당 오른쪽에 있는 작은 박물관에 전시돼 있는데 우리말로도 '보물'이라는 단어가 적힌 현판을 찾을 수 있습니다.

좋아하는 사람! 싫어하는 사람?

중세 시대의 가장 용감한 여인이자 용사인 잔 다르크의 이름을 한 번쯤 들어보셨을 겁니다. 우리나라 교회에서는 프랑스어 잔Jeanne을 라틴어 표기법에 따라 요안나Johanna로 부르고 있습니다.

잔 다르크는 1412년 파리 동부의 동레미Domrémy에서 태어났고, 1431년 열아홉 살의 나이로 화형에 처해져 사망했습니다. 자세히

◂ 장미창이 있는 생트샤펠의 서쪽 정면.

▸▲상부 경당의 제단 스테인드글라스.

▸▾루이 9세의 석상이 있는 하부 경당.

살펴보면 그녀의 삶은 한 소녀의 일생이라고 할 수 없을 만큼 끔찍하면서도 믿을 수 없을 정도로 신비스럽기까지 합니다. 시골 마을에서 제대로 된 교육을 받지 못한 그녀가 어느 날 불현듯 하느님의 부르심을 듣고 영국과의 백년 전쟁에서 프랑스를 승리로 이끌어 기나긴 전쟁에 종지부를 찍었으니 말이죠. 정치적인 이유로 종교재판에 회부됐을 때도 당시 가장 높은 성직자였던 여러 추기경들과 주교들 앞에서 누구보다 정확하게 가톨릭 교리를 읊고 신앙 고백을 했다고 합니다. 잔 다르크가 안타깝게도 화형에 처해지긴 했지만 그녀의 죽음엔 분명 미심쩍은 부분이 많아요. 이런저런 정치적인 이유와 고위 성직자들의 권력 투쟁이 뒤얽힌 결과인 겁니다. 프랑스와 영국의 가톨릭교회가 크게 잘못한 것이죠.

그런데 지금 그녀가 프랑스의 공동 수호성인이라면 믿으시겠어요? 심지어 잔 다르크의 탄생 6백 주년 기념 행사에서 당시 프랑스 대통령인 니콜라 사르코지는 다음과 같은 말을 합니다.

교회에게 잔은 성인입니다. 공화국에게 잔은 애국심을 비롯해 프랑스의 가장 아름다운 가치를 구현한 화신입니다.

— 2012년 1월 6일, 니콜라 사르코지

어떻게 된 일일까요? 억울한 죽음은 언제든 밝혀지기 마련이죠. 그녀가 죽은 지 25년이 지난 뒤인 1456년 교황 갈리스토 3세는 잔

파리 노트르담 주교좌성당에 세워진 잔 다르크 석상.

자크-루이 다비드, 〈1804년 12월 2일, 파리 노트르담 주교좌성당에서 열린
나폴레옹 1세 황제와 조세핀 황후 대관식〉, 1805~1807년, 루브르 박물관, 파리.

다르크의 종교재판을 다시 열게 합니다. 파리 노트르담 주교좌성
당에서 말이죠. 이 재판에서 마침내 그녀에게 씌워진 모든 혐의에
대해 무죄가 선언되고 거룩한 순교자라는 칭호까지 얻게 됩니다.
후에 파리 노트르담 주교좌성당 안에 갑옷을 입고 거룩한 표정으
로 두 손을 모으고 있는 성녀 잔 다르크의 석상이 세워졌습니다.

　　1804년 나폴레옹의 대관식이 열린 장소도 파리 노트르담 주교
좌성당입니다. 위의 그림을 살짝 살펴보겠습니다. 나폴레옹의 머
리에 황금 월계관이 씌워져 있는 걸 보면 이미 자신의 대관식은 끝

난 것 같습니다. 이제 황후의 황금 왕관을 번쩍 들어 올려 아내 조세핀에게 씌어주려 하고 있죠. 하지만 이상하지 않나요? 유럽 황제의 대관식에서 왕관을 씌워주는 의례는 대대로 교황의 역할이었습니다. 그런데 나폴레옹은 스스로 자기 머리에 왕관을 쓰고 조세핀에게도 직접 왕관을 씌어줬습니다. 심지어 그는 성직자가 미사를 드릴 때 사용하는 제단에 올라서서 의식을 치렀죠. 그림을 자세히 보면 나폴레옹 뒤로 교황 비오 7세가 초라하게 앉아 있고 추기경들이 걱정스런 눈빛으로 대관식을 지켜보고 있습니다.

당시 가톨릭교회의 권위가 얼마나 형편없이 무너졌는지 잘 보여주는 그림이라고 할 수 있습니다. 나폴레옹은 오랜 기간 프랑스의 국가 종교였던 가톨릭을 이용해 정치적 지위를 확보하고 권력을 유지했죠. 심지어 자신의 권력을 교황청에까지 뻗쳤습니다. 대관식 이후 1808년 로마 교황청을 점령해 교황 비오 7세를 감금해버리기까지 했죠.

아픔 속에 살아남은 파리 노트르담

사실 나폴레옹이 황제로 등극하기 이전에 프랑스 가톨릭교회는 이미 1789년 프랑스 혁명으로 직격탄을 맞아 무너졌습니다. 당시 프랑스 사회에서 가톨릭 성직자는 귀족보다 높은 신분층이었고 정치, 문화 등 다방면에 영향력을 끼치고 있었습니다. 성직자 월급도 나라 세금으로 주었죠. 마치 공무원처럼요. 물론 가난한 사람들을 위해 열심히 살았던 성직자도 있었지만 그렇지 않은 성직자가 더 많았던 것 같습니다. 결국 바스티유 감옥을 공격하는 것으로 시작된 프랑스 혁명은 가톨릭교회에까지 불똥이 튀고 말았죠. 성당 건물은 파괴됐고 재산은 압류됐습니다. 국가에 충성 서약을 하지 않은 성직자들에겐 가차 없이 사형 선고가 내려졌습니다.

파리 노트르담 주교좌성당도 마찬가지였어요. 혁명 세력에 의해 성당은 처참하게 무너졌고 거룩한 공간은 모독을 당했습니다. 이교도 신을 위한 장소로 사용됐고 포도주 저장고로도 사용됐습니다. 특히 성당 내외부에 세워져 있던 많은 석상들이 목이 잘리거나 파괴됐죠. 더 이상 가톨릭교회를 위한 종교적 공간이 아니게 됐어요. 이후 나폴레옹과 교황청의 협약으로 가톨릭교회의 지위가 어느 정도 회복됐고 나폴레옹의 대관식으로 다소 복구가 이뤄졌지만 파리 노트르담 주교좌성당의 본래 모습은 되찾지 못했습니다. 심지어 19세기에 이르러서는 철거될 위기에 처하기도 했죠. 파리 도시 개발 계획에 따라 흉물스러운 성당을 철거하자는 주장이 제기됐기 때문이에요.

『레 미제라블』의 저자로 유명한 빅토르 위고가 아니었다면 지금 우리는 파리 노트르담 주교좌성당을 볼 수 없을지도 모릅니다. 빅토르 위고는 파리 노트르담 주교좌성당을 굉장히 사랑했어요. 이

1847년 복원이 진행되던 당시의 남쪽 정면.

곳을 배경으로 소설 『노트르담 드 파리』(1831년)를 썼으니까요. 우리에게 『노트르담의 꼽추』로 더 유명한 이 소설은 한 방에 대박이 납니다. 그리고 많은 사람들의 시선을 소설의 배경으로 향하게 했죠. 바로 허물어져가는 파리 노트르담 주교좌성당으로 말입니다. 덕분에 1845년 파리 시는 파리 노트르담 주교좌성당을 복원하겠다고 결정합니다. 이때 성당 한가운데 세워져 있었던 가장 높은 첨탑까지 복원됐죠.

　하지만 우리는 한때 파리 노트르담 주교좌성당 안에 들어갈 수 없었습니다. 겉모습도 공사판에 가려져 있어서 온전히 볼 수 없었

에밀 아루아르, 〈투르넬 강둑에서 바라본 노트르담〉, 1860년경.
1845~1863년까지 복원 작업을 진행한 파리 노트르담 주교좌성당. 이 그림에서
첨탑은 아직 복원되지 않았다.

죠. 여러분도 아시다시피 2019년 4월 15일 저녁, 성당 첨탑에서 시작된 불이 성당을 홀라당 태워버렸기 때문입니다. 이때 제 친구가 성당 안에서 미사를 드리고 있었는데 갑자기 경비원이 뛰어 들어와 모든 사람들에게 소리치며 바깥으로 내보냈다고 합니다. 사실 개신교 신자였던 제 친구는 아무런 설명 없이 쫓겨나온 것 같아 자신이 가톨릭신자가 아니어서 그런가 하고 실망했다고 해요. 하지만 몇 분 뒤, 갑자기 불꽃이 휘몰아치더니 첨탑이 우르르 무너져 내리고 말았죠. 하마터면 큰일 날 뻔했습니다.

　화재 사건 이후 프랑스 정부에서는 이 건물을 어떻게 사용할 것

2019년 파리 노르트담 주교좌성당 화재.

인지에 대해 많은 논의를 했다고 해요. '아니, 성당이면 원래 모습으로 복원하면 되는 것 아닌가' 하고 생각할 수 있지만 실제로 거기까지 다다르는 데에는 적잖은 어려움이 있었습니다. 프랑스 혁명으로 가톨릭교회 재산이 압류당하고 1910년 정교분리의 원칙이 법제화되면서(라이시테 법$^{Loi de la laïcité}$) 프랑스의 성당들이 정부 관리의 건물이 돼버렸거든요. 실질적으로는 가톨릭교회가 성당을 사용하고 있지만 사실상 주인은 따로 있는 겁니다. 그래서 프랑스 정부에 성당 복구와 관련해서 전달된 여러 의견 중 하나가 성당의 기능을 상실시키고 시민들을 위한 공간으로 만들자는 내용이었다고 해요. 성당 지붕을 유리로 뒤덮어 공중 정원을 만들거나 수영장으로 만들면 어떻겠느냐는 거죠. 이에 대해 당시 파리 교구장 주교는 무너진 파리 노트르담 주교좌성당을 비집고 들어가 미사를 드리며 다음과 같이 말합니다.

이 주교좌성당은 미사를 드리는 곳입니다. 이것이 유일하고도 본래의 존재 이유입니다. 이곳은 절대 관광 장소가 아닙니다!
— 2019년 6월 6일, 미셸 오프티 대주교

다행히 프랑스 정부는 주교좌성당이 불타기 이전의 모습으로, 또 전통 방식으로 복원하기로 결정했습니다. 그러자 많은 사람들과 기업들이 아낌없는 물질적 후원으로 성당 복원에 힘을 보탰죠. 마침내 2024년 12월 8일, 원죄 없이 잉태되신 복되신 동정 마리아 대축일에 파리 노트르담 주교좌성당은 재개장했습니다. 노트르담이라는 주교좌성당 이름에 걸맞게 다시 한 번 성모 마리아의 도움을 요청하려고 했던 것이죠.

언젠가 제 파리지엔 친구는 "에펠 탑을 보지 않는 것은 파리에 오지 않았다는 것이고, 파리 노트르담 주교좌성당을 들어가 보지 않는 것은 프랑스를 방문하지 않은 것과 같다"고 말하더군요. 이 성당에서 여러 번 미사를 드려본 저로서는 퍽 마음에 와닿는 말이었습니다.

2024년 12월 7일에 울리히 대주교가 파리 노트르담 주교좌성당의 정문을 지팡이로 치며 재개관하는 모습. ©Ministère de l'Europe et des Affaires Étrangères

재개관한 다음 날 파리 노트르담 주교좌성당에서 진행된 첫 미사.

과거와 현재를 잇는
화해와 평화의 장소

파리 몽마르트르 사크레쾨르 대성전
Basilique du Sacré Cœur de Montmartre

파리에서 가장 높은 언덕에 세워진 건물이 무엇인지 아세요? 바로 북쪽 몽마르트르 언덕의 사크레쾨르 대성전입니다. 그런데 이 성당을 찾아가려다 길을 잃고 공포에 질려 있는 관광객을 더러 봤어요. 휴대폰 지도에 '몽마르트르'만 적어놓고 따라가다 보면 공동묘지가 나오거든요. 아름다운 성당을 기대하며 길을 걷다가 엉뚱하게도 무덤이 나타나니 놀라지 않을 수 없겠지요. 뭐, 성당이나 무덤이나 십자가가 있는 건 같지만요. 여하튼 근처 지명만 봐도 여기저기에 '몽마르트르의 ○○'라는 이름을 붙여놓았으니 프랑스어를 모르면 당연히 헷갈릴 겁니다.

실제로 몽마르트르라는 이름은 죽은 사람들을 기억하는 데에서 유래했어요. 프랑스어로 '몽'은 산을 뜻하고 '마르트르'는 순교자를 뜻하거든요. 그러니까 몽마르트르는 '순교자들의 언덕'이라는 의미를 갖고 있죠. 여기서 순교가 무슨 뜻인지 조금 이해하고 넘어가면 좋을 것 같습니다.

지금은 대부분의 사람들이 종교의 자유를 누리며 누구나 믿고 싶은 것을 믿거나 믿지 않을 수 있는 시대에 살고 있습니다. 하지만 2천 년 전의 세상은 달랐습니다. 나라가 종교를 가지라면 가져야 하고 가지지 말라고 하면 가지지 말아야 했어요. 그리스도교도 마찬가지였고요. 지중해를 제패했던 로마제국을 한번 볼까요? 예수의 가르침은 로마제국의 사회 질서에 정면으로 맞서는 것이었기 때문에 금지 종교였습니다. 그럼에도 불구하고 독실한 사람들은 그리

▲ 중앙에 세 개의 아치가 있는 남쪽 파사드.

▼ 네 명의 천사가 조각된 돔 내부.

스도교를 진정한 종교로 받아들이고 목숨으로 신앙을 지키기 시작했죠. 313년 로마제국의 콘스탄티누스 황제가 그리스도교를 공인하기까지 수많은 사람들이 목숨을 스스로 내놓았습니다. 종교가 가진 진리와 신앙을 지키려다 목숨을 잃는 것, 이것을 순교라고 합니다.

성 디오니시오 이야기

3세기 로마제국의 영토는 프랑스까지 뻗쳐 있었어요. 당연히 프랑스에도 예수를 믿고 따르는 사람들이 암암리에 많아졌고 아직 로마에서 공인한 종교가 아닌 만큼 순교자도 많이 나오게 됩니다. 파리에서는 가장 높은 언덕에서 사형 집행이 이루어졌는데 바로 그곳이 몽마르트르 언덕이었어요. 그때부터 지금까지 천5백 년 넘게 지속된 지명이니 역사적으로 얼마나 의미 있는 장소겠어요. 그러나 안타깝게도 여기서 순교한 사람들의 이름을 정확히 다 알 수는 없습니다. 워낙 오래된 일이니까요. 그래도 현재 세 사람의 이름이 전해지는데 성 디오니시오Saint Dionysius, 성 루스티코Saint Rusticus 그리고 성 엘레우테리오Saint Eleutherius입니다.

이 세 성인은 본래 이탈리아 사람들인데 제20대 교황 성 파비아노(재위 236~250년)에 의해 프랑스로 선교하러 가게 됐다고 해요. 파리를 중심으로 그리스도교 신앙이 잘 정착할 수 있도록 엄청난 노력을 기울였기에, 지금도 파리 몽마르트르에 가면 이 세 성인의 이름을 딴 거리가 존재합니다. 여기서 우리가 눈여겨봐야 할 인물은 성 디오니시오입니다. 이 성인의 프랑스어 이름을 알면 제가 왜 긴 설명으로 지금까지 이야기를 끌어왔는지 이해할 수 있을 거예요.

생 드니Saint Denis, 바로 이게 프랑스어 이름입니다. 감이 오시나요? 파리 북부에 있는 도시로 유명한 이름이지요. 이곳에 생 드니에 관한 여러 이야기가 전해 내려오고 있습니다. 파리의 첫 번째 주교였던 생 드니는 예수의 가르침을 전하다 로마 군인들에게 붙잡힙니다. 그리고 모진 고문을 받고 배교를 강요받죠. 그런데 로마 시대엔 죄인들을 원형경기장에 집어넣어 맹수들과 싸우게 하는 놀이가 있었습니다. 영화 〈글래디에이터〉를 떠올려보면 이해하기 쉬울 겁니다. 생 드니도 굶주린 사자들의 먹잇감으로 원형경기장에 내던져졌어요. 그때 그가 갑자기 기도하기 시작했고 맹수들에게 십자가를 그었습니다. 맹수들도 예수를 아는 걸까요? 갑자기 온순한 양처럼 얌전해졌다고 합니다. 믿기 힘든 일화지만 더 믿기 힘든 건 그다음 이야기예요. 바로 몽마르트르 언덕에서 일어난 사건입니다.

헌신적으로 선교 활동을 펼치던 생 드니는 결국 몽마르트르 언덕에서 참수형을 당합니다. 불법으로 선교 활동을 했고 궁정 관리에게 금지된 종교를 전파했다는 죄목이었지요. 로마제국은 그의 목을 잘라서 누구도 시신을 수습하지 못하게 하고 그리스도교의 확산을 막으려 했습니다. 그런데 참수당한 직후 놀라운 일이 일어납니다. 죽은 줄 알았던 생 드니가 여전히 살아 있었고 심지어 스스로 일어나 자신의 잘린 목을 양손으로 받쳐 들고 몽마르트르 언덕을 넘어 북쪽으로 뚜벅뚜벅 걷기 시작한 거죠. 수많은 사람들이 놀라며 또 한편으론 존경의 눈빛으로 그 현상을 바라보았는데, 생 드니는 오히려 태연하게 걸어가며 사람들에게 설교를 했습니다. 그리고 한참 뒤에 도착한 곳은 자신이 들어갈 무덤이었어요. 이 일에 대한 소문은 곧바로 프랑스 전역으로 퍼졌습니다. 그리고 사람들은 생 드니의 무덤에 찾아와 자신이 죽었을 때 그의 도움으로 천국에 가고 싶은 바람을 담아 기도하기 시작했죠.

훗날 그리스도교를 받아들인 프랑스 왕들도 같은 마음이었어요. 그들도 천국에 가고 싶은 간절한 마음에 생 드니 성당에 묻혔습니다. 프랑스의 기원이 되는 프랑크 왕국의 클로비스 1세부터 1824년 사망한 루이 18세까지 대부분의 왕들이 이곳에 잠들어 있습니다. 이곳에는 순례자를 맞이하고 프랑스 왕가의 무덤을 관리하기 위해 수도원 성당이 지어졌는데 훗날 준대성전으로 격상됐다가 1966년 생 드니 교구가 설정되면서 주교좌성당으로도 지정됐습니다.

▲ 앙리 벨레쇼즈, 장 말루엘, 〈생 드니의 생애와 십자가 처형〉, 1416년, 루브르 박물관, 파리.

▼ 장 부르디숑, 〈자신의 머리를 손에 들고 걷고 있는 생 드니〉, 샤를 8세의 기도서에 수록된 장식 세밀화, 1475~1500년경, 프랑스 국립도서관, 파리.

몽마르트르 언덕의 거룩한 변신

520년에 작성된 『성녀 준비에브의 삶La vie de sainte Geneviève』에서는 준비에브(라틴어로는 제노베파)가 몽마르트르 언덕에서 목숨을 바친 파리의 초창기 순교자들을 밝혀내 파리 시민들에게 널리 알린 인물로 그려집니다. 그리고 몽마르트르 언덕에 성당과 수도원을 세울 것을 끊임없이 요구했다고 하죠. 아마도 그녀는 순교자들이 피 흘리며 지켜낸 신앙을 후손들이 계속 기억해야 한다는 점을 강조하고 싶었던 것 같습니다. 그리고 더 이상 목숨을 위협 받지 않도록 사회적 혼란을 불러일으키는 싸움을 그만두기를 바라는 마음을 담아 평화의 언덕이 돼야 한다고 생각했던 것이죠.

준비에브의 분투 덕분에 순교자들의 무덤 위에 수많은 성당과 수도원이 세워져 그곳에 수도자들이 거주하기 시작했습니다. 파리 사람들은 몽마르트르 언덕에 자주 오르며 순교자들의 이야기를 듣고, 수도자들과 함께 기도하는 시간을 가질 수 있게 됐어요. 소문은 발 없이 멀리 퍼진다고 하죠? 파리에 신성한 장소가 있다는 얘기는 파리 주변 마을과 지방 도시에까지 전해지게 됩니다. 얼마나 많은 사람들이 그 소문의 바람을 타고 파리로 향했을지 우리는 충분히 예상할 수 있습니다. 그 결과 몽마르트르 언덕을 오르는 행위 자체가 하나의 성지 순례로 자리 잡게 됩니다. 사람들은 그저 기도하고 싶거나, 개인적으로 바라는 일이 있거나, 나라에 변고가 생

1625년 몽마르트르 언덕의 수도원.

기면 바로 몽마르트르 언덕을 찾아갔습니다. 왕들까지 순례할 정
도였으니 몽마르트르 언덕이 프랑스 사회에서 얼마나 상징적이고
거룩한 장소로 여겨졌는지 상상해볼 수 있을 겁니다.

　지금도 그 시절 파리 사람들처럼 순례할 수 있다면 얼마나 좋을
까요. 하지만 안타깝게도 불가능합니다. 여러 전쟁과 화재로 초창
기 몽마르트르 언덕의 모습을 잃어버렸고, 무엇보다 18세기에 일
어난 프랑스 혁명의 여파로 생피에르 성당Église Saint-Pierre de Montmartre
을 제외하곤 모든 성당과 수도원이 파괴됐기 때문이에요. 이곳에
거주하던 수도자들 또한 혁명 정부에 의해 큰 박해를 받게 됩니다.
강제 해산 명령을 받은 수도원은 수도자들이 스스로 신분을 버리

고 떠날 수밖에 없었고, 일부는 끝까지 수도자 신분을 유지하며 교회를 지키다 단두대로 끌려가 순교하고 말았습니다. 얼마나 슬픈 일인지요. 평화의 상징이었던 몽마르트르 언덕이 다시 피로 물들어 고통을 간직한 장소가 됐으니 말입니다.

혼란을 극복하려는 노력

제가 사크레쾨르 대성전을 처음 봤을 때 받은 느낌은 '프랑스다운 성당이 아니네'였습니다. 고딕 양식처럼 하늘로 뻗어 있지도 않고, 시내 한가운데에 있으면서도 웅장한 모습을 전혀 보여주지 않잖아요. 아무런 장식 없이 온통 하얀 돌로 지어졌고, 성당 꼭대기에 있는 여러 개의 돔은 파리 시를 짓누르고 있는 듯한 중압감마저 느껴졌어요. 그런데 제 느낌이 맞았습니다. 사크레쾨르 대성전은 결코 즐겁고 유쾌한 이유로 세워진 성당이 아니었던 거예요.

먼저 우리가 함께 생각해볼 질문이 하나 있어요. 프랑스 혁명은 성공이었을까요, 실패였을까요? 빅토르 위고가 쓴 『레 미제라블』을 보면 혁명군이 새로운 세상을 꿈꾸며 전진하잖아요. 부패한 사회와 낡은 관료 체제를 무너뜨리고 진정한 시민 국가를 만들려고 노력하는 모습! 우리는 인상 깊게 기억할 수밖에 없을 거예요. 사람마다 평가는 다르겠지만 저는 프랑스 혁명을 한마디로 '졌지만 잘

싸웠다'라고 표현하고 싶습니다. 그런데 졌다고요? 물론 프랑스 혁명의 영향으로 민주주의의 기초가 세워졌고 그 영향이 전 세계로 퍼져 나간 건 사실입니다. 하지만 안타깝게도 혁명 정부는 프랑스 시민들과 함께 혁명의 훌륭한 이념을 지속적으로 이어가지 못했어요. 혼란을 틈타 힘 있는 자들이 다시 권력을 잡았고 결코 민주적이지 않은 방법으로 정부를 이끌며 무고한 사람들을 여럿 죽이기도 했죠. 무엇보다 스스로 황제 자리에 올라 왕정을 부활시킨 나폴레옹만 보더라도 프랑스 혁명의 결과가 어떠했는지 알 수 있어요.

이런 대혼란의 시기에 옆 나라 독일에서는 강력한 군주가 나타납니다. 그의 이름은 바로 비스마르크입니다. 그는 오랜 숙원이었던 독일 통일을 이루려 전쟁을 일으켰고(프로이센-프랑스 전쟁) 결국 프랑스까지 점령합니다. 이게 얼마나 프랑스인들에게 굴욕적인 일이었느냐면, 비스마르크는 일부러 통일 독일 제국의 선포를 베르사유 궁전에서 해버립니다. 이제 유럽의 리더는 프랑스가 아니라 독일이라는 걸 만방에 알린 거죠.

프랑스의 찬란했던 시간은 온통 암흑으로 뒤덮였고 시민들은 도대체 자기 나라가 왜 이 지경이 됐는지 이해하지 못했습니다. 이때 나타난 두 사람, 알렉상드르Alexandre Legentil와 위베르Hubert Rohault de Fleury는 실망과 분노에만 머물지 않고 프랑스가 다시 일어설 수 있는 힘을 찾고자 노력했죠. 그들의 시도는 매우 영적이었습니다. 프랑스 사회의 문제점을 분석하려 하지 않았고 모든 것을 독일 탓으

건설 중인 사크레쾨르 대성전, 1882년.

로 돌리려 하지 않았죠. 프랑스는 오랜 기간 동안 가톨릭 국가였기 때문에 종교적 시각에서 이 문제를 해결하려 한 것입니다.

　알렉상드르와 위베르는 프랑스의 평화를 위해 새 성당을 짓자고 설파했습니다. 프랑스 시민들이 신앙을 버리고 가톨릭교회를 등진 행위는 큰 죄이며, 특히 프랑스 사회가 혁명 기간 동안 교회를 무자비하게 탄압했기 때문에 자신들이 지금 이 지경이 된 거라고 생각했던 것이죠. 그래서 프랑스가 지은 죄를 뉘우치고 다시는 하느님을 등지지 않겠다고 맹세해야 한다고 했습니다. 이 주장은 프랑스 시민들과 가톨릭교회에게 꽤 설득력이 있었어요. 1872년과 1873년에 각각 파리 대주교와 프랑스 의회에 의해 새 성당 건립이 승인됐고, 건립 장소로 몽마르트르 언덕이 선정됐죠.

과거와 현재를 이어주는 화해의 장소

그 당시 몽마르트르 언덕은 황폐화돼 더 이상 순례지라고 보기 힘들었지만 순교자들의 흔적은 일부 남아 있었나 봅니다. 규모는 작아졌지만 프랑스 시민들은 여전히 순례를 하고 있었습니다. 그래서 이곳에 새 성당을 짓는 계획은 결코 놀랍거나 새로운 일이 아니었죠. 오히려 당연한 일이었습니다. 과거에 파리 시민들이 나라가 위기에 처할 때마다 몽마르트르 언덕에 올라 평화를 위해 기도했으니까요. 과거의 영적인 공간을 회복하고 현재의 모습을 뉘우치는 화해와 평화의 공간으로 탈바꿈하는 건 필연적이었습니다.

이제 성당 이름을 지어야겠죠? 여러분도 아시다시피 '사크레쾨르'라고 지었습니다. 우리말로 옮기면 성심, 곧 예수의 거룩한 마음을 뜻합니다. 사실 말이 거룩할 뿐이지 예수의 실제 삶은 굉장히 슬프고 고통스러웠잖아요. 그가 인간과 하느님을 잇기 위해 또 화해시키기 위해 감내해야 했던 희생은 말로 다 할 수 없거든요. 어쩌면 이 성당의 이름에는 프랑스 사람들이 뉘우치고 있는 진심 어린 마음을 예수에게 곧장 알리고픈 소망이 담겨 있지 않나 싶습니다.

사크레쾨르라는 이름을 사용하게 된 이유가 한 가지 더 있어요.

사크레쾨르 대성전 파사드에 조각된 예수 성심상.

17세기부터 프랑스를 중심으로 불고 있었던 새로운 신앙 운동 때문이었습니다. 바로 예수 성심에 대한 믿음이었죠. 프랑스 중부 팔레 르 모니알^{Paray le Monial}에 살고 있던 성녀 마르그리트-마리아 알라코크^{Sainte Marguerite-Marie Alacoque} 수녀에 의해 시작됐는데요, 그녀는 수도원에서 기도할 때 예수를 자주 만났다고 해요. 예수는 자신의 고통스러운 마음과 사람들을 진실로 사랑하는 마음을 사람들이 알아주길 바란다고 메시지를 남겼다고 하죠. 당시 프랑스 사람들은 예수 성심을 위한 큰 성당을 짓고 싶어 했고 왕실에서는 나라를 예수 성심에게 봉헌하려고 했습니다. 그러나 그 꿈은 실현되지 못했고 이제 와서야 프랑스의 중심 파리에 사크레쾨르 대성전이 지어지게 된 겁니다.

지금까지 이어지는 프랑스 사람들의 노력

사크레쾨르 대성전은 1914년에 완공됐지만 제1차 세계대전으로 인해 1919년에야 봉헌됐습니다. 동시에 교황 베네딕토 15세는 대성전으로 격상시켰습니다. 대성전은 역사적으로 유서가 깊거나 그 외에 특별한 이유가 있는 성당, 무엇보다 그 지역에 영적으로 상당한 영향을 주고 있는 특별한 성당을 뜻합니다. 교황만이 승인할 수 있죠.

성당 안으로 들어서면 한눈에 보이는 큰 돔과 아름답게 새겨진 모자이크가 있습니다. 하얀 옷을 입은 부활한 예수가 두 팔을 벌려 순례자들을 반겨줍니다. 그리고 성당 이름답게 예수의 가슴은 황금빛으로 빛나고 있습니다. 바로 밑에 있는 제단 한가운데에는 미사 때 축성된 빵을 항상 현시顯示하고 있는데, 1885년부터 지금까지 매일 이어지고 있는 성체조배(예수의 몸으로 변화된 빵을 바라보며 기도하는 것)를 위한 것이랍니다.

또한 사크레쾨르 대성전 입구에는 황금색 배경에 글자를 새긴 모자이크가 있는데 어떻게 이 성당이 지어졌는지를 간단히 새겨

사크레쾨르 대성전 안의 부활한 예수 모자이크.

프랑스 국민 서약을 새긴 모자이크.

놓았습니다. 단순히 건물만 지은 게 아니라 첫 주춧돌을 놓기 전에 '프랑스 국민 서약Le Vœu National'을 작성하면서 얼마나 진심 어린 참회를 했는지 후대 사람들이 잊지 말라고 각인한 것이죠. 또 그 앞에 세례대를 설치해놓았는데, 오늘 이곳에 방문한 사람들도 다시금 마음을 고쳐 새롭게 시작하기를 희망하는 바람이 담겨 있습니다. 세례 때 사용하는 물처럼 과거의 죄를 모두 씻어내라는 의미입니다. 겨우 백 년가량 된 성당이지만 지금까지도 평화와 화해를 위해 노력하는 모습이 굉장히 인상적이지 않나요?

프랑스를 황폐화시키는 불행과 여전히 프랑스를 위협하는 더 큰 불행 앞에서, 로마 교회와 교황청의 권리 그리고 예수 그리스도의 대리인인 사제에 대해 저질러진 모독적인 공격 앞에서, 우리는 하느님 앞에서 겸손하게 낮추고 사랑의 교회와 우리의 조국 안에서 다시 연합하여 우리가 죄를 지었고 정당한 벌을 받았다는 점을 알고 있습니다. 그리하여 우리 잘못에 용서를 빌고 주님이신 예수 그리스도의 무한한 자비로부터 용서를 얻기 위해, 더불어 포로로 잡혀 있는 교황님을 구할 수 있는 특별한 도움을 요청하기 위해, 프랑스의 불행을 종식시키기 위해 우리는 예수 성심께 봉헌하는 거룩한 장소를 파리에 세울 것을 약속합니다.

― 1871년 1월 프랑스 국민 서약

도심 속의 성모 성지

파리 기적의 메달 성모 경당

Chapelle Notre Dame de la Médaille Miraculeuse

파리가 유럽 패션의 중심 도시라는 건 누구도 부정하지 못할 겁니다. 매년 열리는 패션쇼에서 선보이는 옷들은 전 세계 사람들의 눈길을 사로잡죠. 그래서 그런지 관광객들이 파리지엔처럼 옷을 입으려고 파리의 유명 백화점들을 돌아다니며 쇼핑하는 모습을 자주 볼 수 있습니다. 그중 르 봉 마르셰 ^{Le Bon Marché} 백화점은 파리에서 가장 오래된 백화점으로 유명합니다. 백 년이 넘는 시간 동안 수많은 패셔니스타들의 관심을 받으며 지금까지 영업을 이어오고 있죠. 사실 르 봉 마르셰라는 말은 프랑스어로 '좋은 가격'이라는 뜻인데, 평소에 "물건이 싸고 좋아!"라는 의미로 쓰이기도 합니다. 하지만 이곳의 물건이 결코 싸지는 않죠. 저도 여러 번 들어가봤지만 한 번도 지갑을 열 수 없었습니다.

그런데 이곳 주변에서 똑같은 수도복을 입은 수녀님들이 자주 지나다니는 것을 발견할 수 있습니다. 수녀님들뿐만 아니라 신부님들도 보이고 또 단체로 성가를 부르며 걸어 다니는 가톨릭 신자들까지 쉽게 만날 수 있어요. 아니, 도대체 그들이 무슨 돈이 있어서 쇼핑을 하러 여기서 서성이느냐고 물을 수 있겠지만 다 그럴 만한 이유가 있답니다. 바로 르 봉 마르셰 백화점 바로 앞에 세상에서 가장 유명한 성모 성지가 있기 때문이에요. '기적의 메달 성모 경당!' 백화점과 서로 얼굴을 맞대고 있지만 굉장히 대조적인 분위기를 자아내는 성당입니다. 그래도 한 가지 공통점이 있는데 바로 패션의 시작점이라는 겁니다.

▲ 기적의 메달 성모 경당 정문 위의 성모자 상.

▶▲ 경당 정문 안쪽 위에 안치된 성모 발현 조각상.

▶▼ 경당 내부 벽에 부착된 성모 발현을 설명하는 부조.

한여름 밤에 일어난 일

사실 이곳이 처음부터 성모 성지는 아니었습니다. 이 건물은 세워질 때부터 지금까지 수녀님들이 거주하며 기도하는 수도원으로 사용되고 있습니다. 그런데 어느 날 여기서 살고 있던 성녀 카타리나 라부레 수녀에게 일어난 일 때문에 수녀원은 곧 성모 성지로 탈바꿈하게 됩니다. 도대체 무슨 일이 있었던 걸까요?

1830년 7월 한여름 밤의 일이었습니다. 곤히 잠자고 있던 카타리나는 어느 아름다운 목소리에 잠을 깨게 되죠. 그녀를 부른 건 소년의 모습을 한 천사였습니다. 천사는 수도원 경당에서 그녀를 기다리는 사람이 있으니 곧장 가보라고 요청합니다. 몹시 놀라면 아무 말도 못 하고 눈이 휘둥그레진다고 하죠? 카타리나가 딱 그랬습니다. 그래서 천사는 바로 사라지지 않고 그녀를 안심시킨 후 직접 경당까지 이끌고 갑니다.

보통 수도원의 일상은 밤 9시 전후로 끝이 납니다. 수도자들은 저녁 기도와 식사 그리고 이어지는 끝기도를 바치면 각자 방으로 돌아가 하루를 마감하죠. 그땐 수녀원 경당도 사용하는 수녀가 아무도 없으니 어두컴컴하기만 했을 겁니다. 그런데 카타리나가 다다른 경당은 누군가 곧 사용할 것처럼 모든 초에 불이 켜져 있었고 어느 때보다 더 밝은 빛이 창밖으로 새어 나오고 있었어요. 천사는 미사를 드리는 제단 한가운데로 카타리나를 이끌었습니다. 그리고 무릎을 꿇고 누군가를 맞이할 준비를 하라고 재촉했죠.

"복된 동정녀께서 여기 계십니다."

천사가 반복해서 외친 말이 끝나자마자 제단 위에서 한 여인이 카타리나 앞에 모습을 드러냈습니다. 바로 예수의 어머니 성모 마리아였죠. 카타리나 수녀는 성모 마리아의 무릎에 합장한 손을 사뿐히 얹으며 존경의 예를 표했습니다. 그리고 마리아가 그녀에게 말을 건넸죠.

"나의 딸아, 하느님께서 너에게 사명을 주려 하신다. 그 일을 하려면 너는 많은 고통을 감내해야 하지만 곧 큰 은총을 받게 될 것이니 두려워하지 말아라."

이어서 마리아는 조만간 프랑스에서 일어나게 될 일에 대해 설명하기 시작했습니다. 곧 프랑스에 무서운 일이 닥칠 것이며 왕정은 무너지고 많은 그리스도인들이 박해를 받아 피투성이가 될 것이라고 말이죠.

그 일은 정말로 일어났습니다. 프랑스 혁명으로 왕정은 무너졌고 가톨릭교회는 파괴돼 사제와 수도자 가릴 것 없이 수많은 사람이 죽임을 당했습니다. 카타리나 수녀가 머물렀던 수도원도 혁명군에 포위당했지만 알 수 없는 이유로 혁명군은 벽돌 하나 무너뜨리지 않고 바로 떠났습니다.

성모 마리아가 남긴 것

같은 해 11월, 크리스마스를 앞두고 카타리나 수녀가 마음의 준비를 하기 위해 수녀원 성당에서 기도를 하고 있을 때였습니다. 다시 한 번 성모 마리아가 그녀에게 나타났습니다. 이번엔 커다란 지구본 위에 뱀을 밟고 서 있었고 십자가가 꽂힌 작은 지구 모양의 구를 손에 들고 있었죠. 곧이어 마리아의 손에서 밝게 뿜어져 나오는 빛이 그녀가 밟고 있던 큰 지구를 비추었습니다.

"네가 보고 있는 이 지구는 세계, 프랑스 그리고 모든 사람을 상징한다. 그리고 이 빛들은 나에게 청원하는 사람들에게 내려지는 은총을 의미한다. 그런데 많은 사람들이 기도를 하지 않는구나."

마리아는 카타리나에게 이렇게 말한 뒤 양팔을 아래로 넓게 펼치며 주위에 테두리를 만듭니다. 거기에 이런 글씨가 금빛으로 씌어 있었죠.

'오, 원죄 없이 잉태되신 마리아님, 당신께 청원하는 저희를 위하여 빌어주소서.'

마리아는 카타리나에게 지금 목격한 모양 그대로 메달을 만들라고 요청합니다. 사람들이 메달을 목에 걸고 다니면 누구나 은총을 받을 것이라는 메시지와 함께 말이죠. 이윽고 마리아는 사라지면서 카타리나가 만들어야 할 메달의 뒷면까지 아주 친절하게 보여줬습니다. 커다란 M자에 십자가가 걸쳐 있고 그 밑에는 두 개의 심

경당에 있는 지구본을 들고 있는 성모상.

장이 새겨져 있는데 각각 가시관과 칼이 꽂혀 있는 모양새가 예수
와 마리아의 마음을 상징했습니다. 두 개의 심장 주변으로는 열두
개의 별이 에워싸고 있었죠. 이후 성모 마리아는 카타리나 수녀에
게 마지막으로 한 차례 더 나타나 메달을 만들어서 사람들이 걸고
다니게끔 해야 한다고 다시 한 번 강조합니다.

파리 대교구는 발칵 뒤집혔습니다. 성모 마리아가 이름 모를 한
수녀에게 나타나다니… 그 수녀가 어떤 사람이기에? 왜 하필 그녀
에게? 헛것을 본 게 아닌가? 온갖 추측이 뒤따랐을 겁니다. 그도 그
럴 것이 가톨릭교회의 2천 년 역사에서 기적이라고 주장한 사건은
여러 번 있었지만 공식적으로 인정받은 건 몇 개 없거든요. 이것을
가톨릭교회에서는 사적 계시私的啓示라고 하는데, 개인적으로 마주
한 환시는 매우 조심스러운 사건으로 여겨졌습니다. 공증되지 않은
가르침으로 잘못된 신앙을 갖게 할 수 있으니까 말이죠.

가톨릭 신자들의 새로운 패션

파리 대주교는 카타리나 수녀의 고해성사 신부를 통해 전후 사
정을 듣고 철저한 조사를 벌입니다. 그리고 마침내 성모 마리아가
나타난 일은 실제이며 교회가 가르치는 어떤 것에도 위배되지 않
는다고 선언했어요. 이렇게 되면 카타리나 수녀가 살아 있는 성녀

기적의 메달.

로 추앙받기에 충분했을 겁니다. 그러나 카타리나는 조사 기간 내
내 이 사건의 당사자인 자신의 이름이 알려지는 것을 원치 않았어
요. 자신은 그저 일개 수도자일 뿐이니 수도원에서 조용히 살다가
세상을 떠나겠다고 말이죠. 그 대신 성모 마리아가 부탁한 메달을
제조하는 데 온 힘을 쏟습니다.

마침내 1832년 6월 최초의 메달이 주조됩니다. 카타리나가 봤
던 모양 그대로였죠. 처음에는 몇천 개의 메달을 만들었지만 이후
이 메달을 착용하려는 사람들이 급속도로 늘어나면서 수백만 개
를 만들기에 이르렀어요. 그리고 이 메달을 착용한 사람들에게 놀
라운 일이 일어납니다. 환자들이 치유되기도 하고 프랑스 교회를
박해하던 사람들이 갑자기 마음을 바꿔 회개하기 시작한 것이죠.

또 누군가가 보호해주는 듯 여러 사고와 어려움에서 극적으로 벗어나기도 했습니다. 물론 주관적인 일들이라 사실 관계를 따지기 어렵지만, 이 메달이 사람들에게 희망을 주었던 것만은 확실해 보입니다. 지금은 셀 수 없을 만큼 많은 메달이 주조돼 우리나라를 비롯한 전 세계 사람들에게 보급됐습니다. 파리의 한 작은 수녀원에서 만든 이 메달이 이제는 수많은 사람들의 목에 하나씩 걸려 있게 된 것이죠. 새로운 가톨릭 '패션'이 탄생했다고 해도 지나치지 않은 표현일 겁니다.

끊임없이 이어지는 발길

성모 마리아가 나타났던 수녀원 경당은 전 세계 사람들의 발걸음을 이끌고 있습니다. 카타리나 라부레 수녀의 증언을 바탕으로 성모 마리아가 나타났던 지점을 딱 표시해놓아서 많은 사람들이 그 자리에 무릎을 꿇고 기도하고 있죠. 카타리나 라부레 수녀도 이 경당 안에 잠들어 있습니다. 처음부터 여기에 있었던 것은 아니고 그녀의 죽음 이후 다른 곳에 매장됐다가 그녀를 성녀로 선포하는 과정에서 지금의 경당으로 옮겨온 것입니다. 그런데 놀라운 점은 카타리나의 시신을 옮길 당시 매장한 지 약 60년이 지났음에도 불구하고 하나도 부패되지 않았다는 거예요. 그녀의 눈마저도 푸른

▲ 경당 내부 전경. ⓒ최인석

▼ 제단 아치 안의 성모상.

기적의 메달 성모 경당에 잠들어 있는 카타리나 라부레 수녀.

빛깔을 그대로 간직하고 있었다고 합니다. 이 경당의 이름처럼 기적으로 가득한 장소가 아닐 수 없습니다.

이 작은 공간에서 벌어진 특별한 사건은 유럽연합에도 큰 영향을 준 것으로 보입니다. 현재 유럽연합에서 사용하고 있는 유럽기에 기적의 메달 성모 마리아의 별이 상징적으로 그려져 있기 때문입니다. 1955년 유럽기를 공동으로 디자인한 아르센 하이츠Arsène Heitz는 열렬한 가톨릭 신자였는데 1987년 벨기에의 가톨릭 잡지 『마니피캇Magnificat』과의 인터뷰에서 파리 기적의 메달 경당에서 일어난 기적에 영감을 받아 유럽기를 디자인했다고 말했습니다. 파란색은 성모 마리아를, 열두 개의 별은 기적의 메달에 새겨진 성모 마리아의 열두 개의 별에서 따왔다고 말이죠. 유럽연합은 여러 차례의 전쟁 후에 평화를 되찾기 위해 결성됐고, 평화의 상징인 성모 마리아를 유럽의 얼굴로 내세우는 건 많은 사람들의 호응을 얻었습니다. 유럽 사회에서 공통적으로 갖고 있는 게 바로 그리스도교 신앙이기 때문이죠. 물론 종교와 정치가 결부되면 안 된다는 우려 때문인지 유럽의회에서는 이 같은 사실을 공식적으로 인정하지 않고 있습니다.

아무튼 기적의 메달 성모 경당은 교황청에서 인정한 세계적인 성모 성지임에도 불구하고 아직 경당으로 불리고 있습니다. 왜냐하면 지금도 수녀님들이 거주하며 수도 생활을 하고 있기 때문이죠. 경당은 작은 성당을 뜻하는데, 정식 성당이 아니라 특정한 공동체나 가족을 위한 별도의 성당을 가리킵니다. 하지만 제 생각에 이 경당은 결코 작은 성당이 아닙니다. 이곳에서 뿌린 기적의 씨앗이 전 세계에 뿌리내려 자라고 있으니까요. 가끔은 작은 공간에서 거대함을 느낄 때도 있답니다. 바로 이곳에서처럼요.

추가로 알면 좋은 또 다른 경당

이왕 소개한 김에 알려드리고 싶은 경당이 한 곳 더 있습니다. 기적의 메달 성모 경당에서 별로 멀지 않거든요. 바로 옆에 또 다른 경당이 있는데 우리나라와 아주 밀접한 관계가 있는 곳입니다. 바로 파리 외방전교회 본부에 있는 '주님 공현 경당Chapelle de l'Épiphanie'이에요. 파리 외방전교회Missions Etrangères de Paris는 1658년 아시아 선교를 위해 설립된 프랑스 가톨릭 선교회입니다. 우리나라의 요청으로 19세기 초에 선교사를 파견하기도 했죠. 그 당시 아시아로 선교를 간다는 것은 목숨을 내놓는 일이나 마찬가지였어요. 그럼에도 불구하고 파리 외방전교회의 많은 신부들이 어디에 있는지도 모르는 조선에 가기를 희망했고 대부분 우리나라 땅에서 순교하게 됩니다. 그리고 1984년 성 요한 바오로 2세 교황에 의해 이 선교회 소속 사제 열 명이 성인으로 선포됐죠.

주님 공현 경당은 파리 외방전교회의 공동체 성당이자 우리나라 선교의 시작점이나 마찬가지입니다. 조선으로 파견되기 전 모든 신부님들이 이곳에서 함께 미사를 드리고 마당으로 나가 선교사 파견 예식을 거행했기 때문입니다. 그래서 경당 왼쪽에는 〈선교사들의 출발〉(182쪽 참조)이라는 아주 큰 그림이 걸려 있는데 바로 네 명의 신부님이 조선으로 향하기 전의 모습을 그려놓은 것이랍니다. 또 마당에는 아주 친숙한 비석이 세워져 있습니다. 2003년 서울 명동 주교좌성당 신자들이 고마움을 담아 세운 것이죠.

이뿐일까요? 경당 지하에 있는 작은 박물관에는 파리 외방전교회 소속 신부님들의 선교 기록과 유물이 전시돼 있어요. 당연히 한국어로 소개 글이 적힌 귀중한 물건들도 있습니다. 무엇보다 저의 눈길을 끌었던 건 박물관 입구에 있는 돌로 만들어진 제대였어요.

▲ 주님 공현 경당 내부.

▼ 지하 경당에 놓인 돌로 만든 제대.

▲ 한국 순교 성인 103명의 이름이 새겨진 지하 경당 제대 세부.

▼ 마당에 세워진 '한국 순교성인 현양비'. 2003년 서울 명동 주교좌성당의
　신자들이 세웠다.

수많은 한국 순교자들 중에서 성인으로 선포된 103명의 이름이 한글로 또렷하게 새겨져 있고 그들의 유해가 일부 안치돼 있기 때문입니다.

지금도 프랑스와 한국의 인연은 파리 외방전교회를 중심으로 계속 이어지고 있습니다. 2011년 주님 공현 경당에서 박병선 박사의 장례미사가 열렸는데, 그녀는 파리 국립도서관에서 세계 최초의 금속활자 인쇄본인 직지와 외규장각 의궤를 발견한 장본인입니다. 또한 한국의 젊은 신부들은 이곳에 머물며 유학 생활을 하고 있고, 프랑스 신부들은 아직도 한국 사회 곳곳에서 가난한 사람들을 돌보며 어두운 곳에 빛이 돼주고 있습니다. ───

에펠 탑을 닮아 친근한 곳

파리 노동자의 성모 성당
Église Notre-Dame-du-Travail de Paris

'파리' 하면 무엇이 떠오르시나요? 샹젤리제? 개선문? 노트르담? 아니면 루이비통이 가장 먼저 생각나시나요? 파리와 관련해 여러 유적지와 문화 상징물이 있지만 단박에 떠올릴 수 있는 건 바로 '에펠 탑'일 겁니다. 에펠 탑 근처엔 언제나 관광객들이 즐비합니다. 가장 예쁜 옷을 입고 가장 밝은 표정을 지으며 자신의 인생에서 가장 아름다운 사진을 찍으려고 노력합니다. 에펠 탑을 보지 않으면 파리에 간 게 아니라고 말할 정도니까 에펠 탑에 관심이 없는 사람조차도 분위기에 이끌려 슬쩍이나마 보게끔 만드는 힘이 있는 것 같습니다. 그래서 그런 걸까요? 전 세계 어디에서든 파리 자체를 상징하는 시각적인 표현으로 에펠 탑을 사용하곤 합니다.

그런데 우리가 기억해야 할 건물이 하나 더 있습니다. 파리 14구와 15구의 경계에 있는 한 성당인데요, 파리 노트르담 주교좌성당이 프랑스를 대표하고 에펠 탑이 파리를 상징한다면, 이 성당은 파리를 '기념'하는 건축물이라 할 수 있습니다.

저는 아주 우연한 기회에 이 특별한 성당을 알게 됐습니다. 하루는 파리 몽파르나스 역에서 기차를 기다리고 있는데 타야 할 기차가 늦게 도착한다는 거예요. 그래서 역 밖으로 나가 운치 있는 카페를 찾던 중 우연히 발길에 이끌려 들어간 곳이 바로 오늘 제가 소개하려는 성당이었습니다. 사실 겉으로만 보기엔 여타의 다른 성당과 별반 다를 게 없습니다. 눈에 잘 띄지도 않죠. 하지만 안을 들여다보고는 깜짝 놀랐습니다. 에펠 탑과 너무나 흡사한 분위기를 자아냈기 때문이죠. 성당에 또 다른 에펠 탑을 세웠을 리는 없고, 종탑을 에펠 탑처럼 뾰족하고 높게 세웠을 리는 더더욱 없습니다. 그저 닮은꼴이라고 해야 할까요? 2016년 프랑스 정부로부터 역사적 기념물로 선정돼 많은 사람들의 발길을 끌어당기고 있는 곳, 저도 우연히 발견했을 정도로 우리나라에 잘 알려져 있지 않은 곳! 바로 '파리 노동자의 성모 성당'을 낱낱이 파헤쳐보겠습니다.

에펠 탑과 두 번의 만국박람회

에펠 탑은 하늘에서 뚝 떨어진 건물이 아닙니다. 프랑스 사람들이 심심해서 지은 건축물은 더더욱 아니죠. 모름지기 건축물을 짓는 데에는 사용 목적이 있듯이 에펠 탑도 어떤 목적을 위해 지어진 특별한 건축물이었어요. 바로 1889년 프랑스 혁명 백주년을 맞이해 개최된 파리 만국박람회EXPO를 위해 세워졌습니다.

만국박람회에 대해 잠깐 말씀드리자면, 각 나라에서 보유하고 있는 가장 높은 기술력을 대놓고 자랑하는 국제 전시회입니다. 훗날 우리나라에서도 만국박람회를 열었죠. 파리에 비해 규모는 작았지만 1993년 꿈돌이를 캐릭터로 내건 대전 엑스포가 바로 그 행사였어요. 만국박람회와 엑스포, 우리말과 영어의 차이일 뿐 다 같은 말입니다.

◀ 파리를 상징하는 에펠 탑.

▶ 파리 노동자의 성모 성당 내부.

1889년 파리 만국박람회 포스터.

아무튼 당시 프랑스는 파리 만국박람회에서 방문자들의 눈길을 사로잡을 건축물을 짓고 싶어 했습니다. 그리고 공모전을 통해 당선된 귀스타브 에펠이 철근을 이용해 높은 건축물을 설계했고 그의 이름을 따 에펠 탑이라고 명명했죠. 에펠은 근대 건축 재료로 급부상한 철근을 켜켜이 쌓아 올려 약 3백 미터, 아파트로 치면 81층에 맞먹는 높이의 건축물을 세웠습니다. 프랑스의 최신 철근 제련법과 건축 기술을 제대로 뽐낼 수 있었던 거죠.

하지만 에펠 탑은 파리 시민들에게 골칫덩어리 그 자체였어요. 철근이 그대로 그러난 모습은 오스만 남작의 도시 재정비 사업으로 근대화된 파리의 새로운 건물에 비하면 흉물이 아닐 수 없었습니다. 파리 시민들은 한시적인 전시 목적으로 지어진 에펠 탑이 하루빨리 해체되기를 기다렸어요. 하지만 에펠 탑은 만국박람회를 통해 의외로 큰 인기를 끌면서 파리 시가 해체 계획을 취소했죠. 덕분에 지금까지 우리 곁에 남아 있게 됐습니다.

1900년 또 한 번의 만국박람회가 파리에서 열렸습니다. 20세기를 맞이해 지난 시대를 기념하고 새로운 기술과 함께 새 시대를 열고자 한 박람회였어요. 그래서 개최 장소도 기존에 만국박람회가 열렸던 마르스 광장을 중심으로 정해졌죠. 마르스 광장은 에펠 탑이 우뚝 세워져 있는 곳이에요. 이때도 프랑스의 우수한 신기술로 지어진 아름다운 건축물이 관람객들의 눈길을 끌었습니다. 철근과 유리를 주재료로 사용해 돔 지붕을 덮은 그랑 팔레, 센 강 위에 아름다운 조각을 수놓은 알렉상드르 3세 다리 그리고 세계 최초의 전기 구동식 역, 즉 전철을 위한 역으로 만들어진 오르세 역이 그것입니다. 참고로 이 만국박람회엔 프랑스 초청으로 대한제국도 참여했어요. 경복궁 근정전을 참고해 멋진 한옥을 짓고 우리나라의 전통 문화를 홍보했다고 합니다.

▲ 1900년 파리 만국박람회 개막 장면.

▼ 1900년 파리 만국박람회 포스터.

만국박람회의 숨은 공로자

　파리 만국박람회에 얼마나 많은 사람이 참관했을까요? 1889년에는 5월부터 10월까지 약 3천만 명이 구경했고, 1900년에는 4월부터 11월까지 약 5천만 명이 다녀갔습니다. 현재 우리나라 인구수와 맞먹는 사람들이 두 번이나 다녀간 것이죠. 정말 상상하기 힘들 정도로 어마어마한 규모의 행사였던 점은 분명해 보입니다. 이만한 규모의 행사를 치르려면 오랜 시간 수많은 노동자를 고용해 준비했을 겁니다. 새 건물을 짓는 것부터 시작해 도로 정비, 조경 관리, 도심 인프라 구축, 서비스 관리 등 모든 것에 사람의 손길이 닿지 않을 수 없었겠지요.

　두 번의 만국박람회를 치르기 위해서는 실제로 많은 노동자가 필요했습니다. 그래서 파리 근교뿐 아니라 프랑스 전역에서 노동자들이 파리로 몰려와 만국박람회 준비에 참여했어요. 노동자야말로 만국박람회의 숨은 공로자인 것이죠! 마침 이즈음에 파리 국내 노선을 연결하는 몽파르나스 역이 파리 14구와 15구 사이에 세워지면서 많은 노동자들이 이 역을 통해 파리에 입성했습니다. 게다가 몽파르나스 역은 만국박람회가 열리는 장소와 매우 가까웠어요. 그래서 노동자들은 자연스럽게 몽파르나스 역에서 가까운 플래장스 지구를 중심으로 거주지를 마련하기 시작했죠. 기존의 마을은 더 커지고 새로운 마을이 생겨나기도 했으며 상권도 발달했습니다. 훗날 만국박람회가 열릴 즈음엔 약 3만 5천 명의 노동자가 거주하는 큰 지역으로 발전하게 됩니다.

노동자들을 위한 새로운 성당

한 해 한 해 지나면서 노동자들에게 두 가지 문제점이 생겼습니다. 첫 번째는 노동자들의 향수병이 나날이 깊어졌다는 거예요. 만국박람회를 준비하기 위해서는 최소 3년 이상이 걸렸습니다. 대부분의 노동자들은 고향과 가족을 떠나 파리에 홀로 정착한 사람들이었죠. 오랜 시간 타지에서 일하면서 고향과 가족을 향한 그리움이 밀려오는 건 당연한 일이었을 테죠.

또 다른 문제는 노동자 집단 내에서도 출신 지역, 집안 배경, 노동 능력 등 여러 이유로 인해 계층이 나뉘었다는 점입니다. 힘이 부친 사람은 쉽게 일자리를 잃어 일용직 노동자로 전락하거나 그마저도 안 되는 사람은 고향으로 돌아가지도 못한 채 거리를 부랑했어요. 반면에 능력이 있는 사람은 같은 노동자임에도 불구하고 노동자들을 관리하고 감독하는 일을 맡았습니다. 이 같은 문제들은 국제 행사를 준비하는 과정에서 반드시 넘어야 할 장벽이었어요. 노동자들 사이에 갈등이 없어야 만국박람회를 준비하는 데 별 탈이 없을 테니까요. 무엇보다 외부의 손님들에게 프랑스의 좋은 모습만 보여줘야 하지 않겠어요?

노동자들은 자연스럽게 동네 성당인 플래장스의 성모 성당^{Notre-}
^{Dame de Plaisance}으로 모였습니다. 아무리 프랑스 정부가 여러 혁명을
거쳐 종교 탄압을 자행하고 종교와 사회를 분리하려고 해도 프랑
스 사회에서 영적인 위안을 얻을 수 있는 장소는 성당밖에 없었어
요. 성당은 모든 노동자들을 환영했고 가난한 그들에게 실질적인
도움을 주기도 했습니다. 그러나 플래장스의 성모 성당은 규모가
너무 작았습니다. 불과 2백 명밖에 수용할 수 없었죠. 주변 상가와
부속 건물을 임대해 사용하더라도 점점 더 많이 밀려드는 노동자
들을 모두 수용하기엔 어려움이 있었어요. 그래서 당시 주임 신부
였던 술랑주-보댕^{Soulange-Bodin} 신부는 노동자들의 존엄성을 지켜주
고 위로해줄 수 있는 성당을 새로 짓기로 합니다. 노동자들을 수용
하고 위무하는 역할뿐 아니라 곧 있을 만국박람회에 방문할 외부
손님들까지 환영할 수 있는 장소로 만들려고 했죠. 성당 이름은 '노
동자의 성모 성당'으로 정했습니다.

술랑주 신부는 어떻게 하면 노동자들에게 더 친근하고 위안이
될 수 있는 성당을 지을지 고민하기 시작했습니다. 으레 그렇듯 교
회는 세상을 죄 많은 곳이라 여기기 때문에 성당만큼은 천국처럼
화려하고 웅장하며 거룩한 분위기를 자아내게 지었어요. 원래의
성당이 딱 그랬습니다. 하지만 이런 성당은 세상과 동떨어져 있는
느낌을 주기 마련이라 정작 위로가 필요한 사람들에게 편안함조차

파리 노동자의 성모 성당 내부. 에펠 탑과 마찬가지로 철근을 사용해 내부를 건축했다.

느끼게 할 수 없었습니다.

마침 에펠 탑 건축을 유심히 지켜본 술랑주 신부의 머릿속에 현대적인 건축을 도입해 성당을 지어야겠다는 아이디어가 번쩍 떠오릅니다. 그래서 오르세 역을 지은 빅토르 랄루Victor Laloux의 제자 쥘 아스트뤼크Jules Astruc에게 건축을 맡겼죠. 쥘은 만국박람회의 주된 건축 재료인 철근을 사용해 성당을 짓기로 결정합니다. 노동자들이 직접 만지고 다루는 건축 재료를 성당에 들임으로써 그들의 노동이 매우 성스럽고 그들의 역할이 아주 중요하다는 사실을 깨닫게 해주기 위해서였죠. 다만 기존의 신자들이 낯선 건축 재료에 거부감을 느끼지 않도록 성당 내부에만 철근을 노출시키고 성당 외부는 전통적인 방식으로 짓게 했어요. 그리고 만국박람회와 연관돼 모든 사람들을 환영할 수 있도록 최초의 파리 만국박람회(1855년)에서 쓴 철근을 그대로 가져와 사용했죠. 노동자들의 성모 성당은 1897년 첫 삽을 떠 1902년 완공됐고 2016년 프랑스 역사 기념물로 지정됐습니다.

왜 성당이어야 합니까? 모든 계급의 노동자들을 종교적 토대 위에 결집시키기 위해서입니다. 왜 파리에 지어야 합니까? 파리는 노동과 산업의 중심지로 간주되기 때문입니다. 플래장스 지구에 성당이 있어야 하는 이유는 무엇입니까? 이곳은 전적으로 노동자들로 구성된 교외 지역이기 때문에 아직 3만 5천 명의 주

민을 위한 성당은 없지만 종교적, 사회적인 놀라운 사업을 통해
그들을 받아들일 준비가 돼 있기 때문입니다.

— 새 성당 기금 마련을 위한 홍보 문구(1897년)

왜 노동자의 성모 마리아일까?

하필이면 왜 성당 이름으로 '노동자의 성모^{Notre-Dame du Travail}'를
선택했을까요? 이유는 간단합니다. 성모 마리아는 노동자들의 어
머니이자 부인이기 때문이에요. 성경을 보면 마리아의 남편 요셉은
직업이 '목수'라고 기록돼 있습니다. 그리고 요셉은 성령으로 말미
암아 임신한 마리아를 기꺼이 받아들입니다. 훗날 태어난 아기가
바로 예수인 것이죠. 그런데 어린 예수가 어떻게 자랐는지는 알려
져 있지 않습니다. 성경엔 열두 살 예수가 부모와 함께 나자렛으로
내려가 순종하며 살았다고만 적혀 있고(루카 2,51), 그 이후에 바로
서른 살의 예수가 등장하기 때문이죠. 그래서 우리는 유년 시절 예
수의 모습을 감히 상상할 수밖에 없어요. 서른 살에 출가하기 직전
까지 양아버지인 요셉의 목수 일을 거들며 살지 않았을까 하고 유
추해보는 것이죠. 뚝딱뚝딱 못질을 하고 나무에 대패질을 하며 노
동이 얼마나 신성하고 중요한지 몸소 체험할 수 있는 소중한 시간
이지 않았을까요.

▲ 성당 내부의 프레스코.

▼ 프레스코 중 아버지 요셉의 목공 일을 돕는 예수.

제단 뒤 경당에 있는 성모자 상. 조각상 주변에 노동자를 상징하는 철도와 건축
설비가 새겨져 있다.

고향과 가족을 떠나와 국가 행사인 만국박람회를 위해 쉼 없이 일해야 했던 수많은 노동자들. 그들에게 같은 노동자인 요셉과 예수는 커다란 위안을 주는 존재였을 겁니다. 그리고 노동자들을 사랑의 품으로 안아주고 지지해준 요셉의 아내이자 예수의 어머니인 성모 마리아는 파리 노동자들에게 폭신폭신한 어머니의 마음을 느끼게 해줬을지도 모릅니다.

만국박람회를 마친 이후 백 년 동안 노동자들의 성모 성당이 있는 이 지역은 끊임없는 변화를 겪었어요. 몽파르나스 역은 더욱 커졌고 프랑스 철도청 건물이 건설됐으며 여러 지역에서 온 사업자들을 위한 숙박 시설과 업무 공간이 들어섰습니다. 동시에 가난한 이들을 위한 사회적 주택도 만들어졌죠. 노동의 성격은 바뀌었고 거주민의 상황도 변했지만 노동자들뿐 아니라 모든 사람들에게 위안을 주고자 하는 이 성당은 아직도 문을 활짝 열고 우리를 환영하고 있습니다.

빛의 수호자

리옹 노트르담 드 푸비에르 대성전
Basilique Notre-Dame de Fourvière

프랑스 지도를 쫙 펼치면 나라의 생김새가 오각형이라는 걸 알 수 있습니다. 어떻게 보면 뚱뚱한 사람의 몸처럼 보이기도 합니다. 벨기에와 국경이 닿아 있는 북쪽은 머리, 동쪽과 서쪽은 팔이 되겠고, 남동쪽과 남서쪽은 쫙 벌린 두 다리로 볼 수 있죠. 약간 억지스럽지만 프랑스 땅을 사람의 몸으로 상상해보면 그럴듯해 보입니다. 흠, 저만 그런가요?

제가 얘기할 성당이 있는 지역은 프랑스의 한가운데에서 약간 아래에 떨어져 있는 '리옹'이라는 도시입니다. 이곳의 위치가 몸의 배꼽에 해당해서 프랑스의 배꼽이라고 불리기도 해요. 리옹은 사회, 문화, 학문, 종교 등 모든 방면에서 집약적인 발전을 이룬 대도시입니다. 일찍이 로마 시대부터 도시가 세워져 한때 파리보다 더 큰 도시로 유명세를 떨쳤고, 중세 시대엔 무역의 중심지로 많은 부를 축적했습니다. 특히 비단 산업이 크게 발전해 수많은 공방이 들어섰고, 이에 따라 비단을 효과적으로 빠르게 옮기기 위해 생겨난 골목들이 지금까지 남아 있어요. 이런 상업 활동의 결과로 다양한 민족과 문화가 리옹 사회에 들어와 뒤섞였고, 오늘날에도 미식과 문화의 중심지로 남아 있게 됐습니다.

그뿐만이 아닙니다. 리옹은 주교좌성당을 중심으로 여러 성당과 수도원이 세워진 종교적인 도시이기도 해요. 빽빽한 도심 사이에 한 블록마다 성당이 있죠. 또 과거에는 가톨릭교회가 거의 모든 교육을 담당했기 때문에 학문의 중심지로도 발전했습니다. 가톨릭의 고위 성직자들과 최고 신학자들이 모여 토의하는 공의회가 두 번이나 열릴 정도였죠. 특히 제2차 리옹 공의회(1272~1274년)에는 우리도 알 만한 이름의 학자가 참석했어요. 바로 중세 철학의 양대 산맥인 보나벤투라와 토마스 아퀴나스입니다. 이토록 유명한 학자들이 리옹에 와서 회의할 정도라면 리옹이 프랑스뿐 아니라 유럽 사회에서 무척 중요한 도시였다는 건 분명하죠!

사실 리옹이 여러 방면에서 발전하고 또 이름을 날리게 된 데에는 지형적인 특성이 한몫했습니다. 프랑스에서 유일하게 손 강과 론 강이라는 두 줄기의 강이 만나는 지점에 위치한 도시이기 때문이죠. 우리나라의 남한강과 북한강이 만나는 양수리처럼요. 두물머리라는 천혜의 조건을 갖춘 이곳에 켜켜이 모래가 쌓여 만들어진 큰 삼각주에서 리옹의 역사가 시작됐습니다.

손 강을 사이에 두고 양쪽에는 두 개의 큰 언덕이 있는데 바로 라크루아루스^{La Croix-Rousse} 언덕과 푸비에르^{Fourvière} 언덕이에요. 라크루아루스 언덕엔 아까 말한 비단과 같은 직물 공장과 공방 등이 세워져 상업 활동의 중심지가 됐습니다. 그래서 일하는 언덕^{La colline qui travaille}이라고 불렸죠. 반면 푸비에르 언덕은 영적인 역할을 담당했어요. 고대 로마 시대부터 신전이 세워졌고, 훗날 그리스도교가 공인된 이후엔 신전 자리에 가톨릭 성당과 수도원이 세워졌습니다. 사람들은 푸비에르 언덕을 기도하는 언덕^{La colline qui prie}이라고 불렀어요. 리옹 그리스도교 공동체의 발상지로서 수많은 순례자들을

푸비에르 언덕 위에 세워진 '노트르담 드 푸비에르 대성전'. 그 밑에 위치한 수석 주교좌성당과 일직선으로 세워졌다.

맞이하기도 했죠. 그리고 훗날 이곳에 아주 큰 성당을 세워 리옹 시내 어디에서도 볼 수 있도록 했는데 바로 리옹의 수호자, '노트르담 드 푸비에르 대성전'입니다.

리옹 가톨릭교회의 큰 프로젝트

원래 리옹의 역사가 시작된 삼각주 지역엔 생테티엔Saint-Étienne 주교좌성당이 세워져 있었습니다. 생테티엔은 성 스테파노의 프랑스식 발음인데 아쉽게도 최초의 주교좌성당이 언제 지어졌는지는 알려져 있지 않습니다. 적어도 4세기 이전부터 존재했을 것으로 추측만 하고 있을 뿐이죠. 그런데 이미 교회 공동체는 2세기부터 갈리아 지역*에 최초로 존재했다고 해요. 그래서 그 역사성을 인정받아 1079년 교황 그레고리오 7세는 리옹 대주교에게 '수석 대주교'라는 직급을 수여했습니다. '갈리아 지역의 가장 으뜸가는 주교Primat des Gaules'라는 뜻이죠.♦ 이후 리옹 대주교는 각종 교회 회의와 지역 정책 결정에서 누구보다 막강한 권한을 행사할 수 있었습니다.

가톨릭교회의 힘이 정점에 이른 중세 시기, 리옹 사람들은 수석 대주교좌에 걸맞게 주교좌성당을 품위 있는 모습으로 다시 지을 필요성을 느꼈습니다. 아무리 봐도 기존의 주교좌성당은 규모가 작을뿐더러 무척이나 초라해 보였거든요. 마침내 1175년 리옹

* 현재 프랑스 전체 지역과 벨기에, 스위스, 독일의 일부 지역.

♦ 프랑스에서 수석 대주교직은 두 군데에서 유지하고 있는데, 리옹 대주교 외에 루앙 대주교가 갖고 있다. 루앙 대주교는 '노르망디 지역의 가장 으뜸가는 주교'다.

17세기 말의 생장 수석 주교좌성당의 모습을 보여주는 니콜라 랑글루아의 판화.
주교좌성당과 손 강이 매우 가까워 보인다.

가톨릭교회에서는 장기적인 건축 프로젝트를 시작합니다. 무려 약
3백 년에 걸쳐 진행될 큰 공사였죠. 당시 건축을 기획한 대주교는
어떻게 하면 리옹 시를 품위 있고 영적으로 풍만하게 만들 수 있을
지 고민했습니다. 일단 품위는 새로 짓는 수석 주교좌성당에 담을
수 있다고 생각했어요. 그래서 새 성당은 기존의 부속 건물인 세례
당을 허물고 새로 지었는데 지금도 가볼 수 있는 '생장 수석 주교좌
성당Primatiale Cathédrale Saint-Jean-Baptiste'입니다. 성 세례자 요한에게 봉헌
됐던 옛 세례당의 이름에서 유래했죠. 자, 이제 영적인 공간, 기도
가 끊임없이 이어질 곳으로 어디에 새 성당을 지어야 할지가 관건이
었습니다.

현재의 생장 수석 주교좌성당.

두 성당의 은밀한 결합

그때 리옹에서 가장 높은 곳인 푸비에르 언덕은 황폐해져 있었어요. 한때는 로마 시대의 신전이 있었고 로마 시민들만 누릴 수 있는 포럼(공공 집회 광장)과 각종 기관들이 즐비한 곳이었는데 말이죠. 사람에게는 가장 높은 곳에서 아래를 내려다보고 싶어 하는 욕망이 있는 것 같아요. 인류의 역사에서 가장 힘 있는 사람은 언제나 높은 곳에 자기 자리를 마련했죠. 리옹 대주교와 사제들은 이 높은 푸비에르 언덕을 하느님을 위한 공간으로 만들 생각을 합니다. 그동안은 권력자 인간을 위한 공간이었다면 이제 어느 누구도 탐낼 수 없는 절대자를 위한 공간으로 변모시키고자 한 것이죠.

그래서 새 수석 주교좌성당을 짓기 시작할 때, 푸비에르 언덕에도 성모 마리아를 위한 아주 작은 경당을 세웠습니다. 그리고 사제들이 거주하며 가톨릭교회와 세상을 위해 기도만 하도록 했죠. 이것은 가톨릭교회의 아주 오래된 전통에 따른 것입니다. 실제적으로 성당에서 일하며 신자들을 돌보는 사제가 있다면 이것을 기도로 뒷받침해주는 사제가 있어야 했습니다. 푸비에르 언덕이 기도하는 언덕으로 불리게 된 것도 바로 이때부터였어요. 기도하는 사제●를 따라 수많은 사람들이 기도하러 푸비에르 언덕에 오르기 시작한 것이죠. 공교롭게도 새 수석 주교좌성당과 푸비에르 언덕의 성모 경당Chapelle de la Vierge은 일직선으로 이어지게끔 지어졌습니다. 마

● 최근 서울 명동 주교좌성당에도 '기도 사제'라는 직책이 처음 만들어졌다. 기도 사제들은 매일 하루에 세 번 기도하고 신자들의 신앙 면담도 해주면서 한국 가톨릭을 영적으로 뒷받침해주는 역할을 한다.

치 교회의 품위와 하늘을 향한 영적인 힘을 상징하는 두 성당이 은밀히 결합해 더 큰 힘을 내보이는 것 같았죠.

네 가지 사건

푸비에르 언덕에 지금의 형태로 확장해서 큰 대성전을 짓게 된 것은 결정적으로 리옹에 닥친 네 가지 어려움 때문이었습니다. 첫 번째는 1638년 괴혈병 환자가 기하급수적으로 늘어난 일입니다. 비타민 결핍으로 발생한 이 병은 어린이에게까지 퍼졌어요. 두 번째는 1643년 리옹에 흑사병이 창궐한 일입니다. 이미 14세기에 전 유럽을 휩쓴 흑사병은 유럽 인구의 절반 이상을 사망에 이르게 했죠. 하지만 그 이후에도 지속적으로 발병해 사람들을 괴롭혔어요. 세 번째는 1832년 콜레라가 리옹과 주변 마을을 위협한 일입니다. 어려움이 닥치면 절대자인 신에게 기도하는 우리처럼 옛날에도 다르지 않았죠. 이 모든 어려움이 닥칠 때마다 리옹 사람들은 기도하기 위해 푸비에르 언덕에 올랐어요. 시내에서부터 언덕의 성당까지 행렬이 길고 장엄했다고 전해집니다. 흥미로운 것은 이 행렬을 마치자마자 모든 전염병이 사라졌다는 거예요. 우연치고는 너무나 놀라운 일이 아닐 수 없었습니다.

그렇다면 네 번째 어려움은 무엇이냐고요? 이번엔 전염병이 아니었어요. 전쟁이었죠. 바로 프로이센-프랑스 전쟁입니다. 1870년 독일 통일을 꿈꾸는 프로이센과 이를 저지하려는 프랑스 사이에 벌어진 전쟁을 말합니다. 아시다시피 막강한 군사력을 앞세워 침략한 프로이센에 프랑스는 무기력하게 당하며 파리가 적의 손에 점령됐죠. 전쟁이 벌어진 프랑스 땅 곳곳은 황폐화돼 사람이 살 수 없는 지경에 이르렀고요. 리옹은 파리보다 한참 밑에 위치했지만 사람들은 푸비에르 언덕에 올라 하느님께 기도하며 도시를 지켜 달라고 청했습니다. 당시 리옹 대주교는 도시가 전쟁 중에 살아남게 되면 기존에 있던 성모 경당을 큰 성당으로 봉헌하겠다고 약속도 했죠. 1871년 프랑스가 결국 항복하면서 전쟁은 끝났고 결과적으로 리옹에 아무런 피해가 없었으니 리옹 대주교와 사람들의 기도가 이루어진 셈이었습니다.

리옹의 빛, 푸비에르 대성전

리옹 대주교의 약속에 따라 새 성당을 짓는 공사는 바로 착수됐습니다. 1872년 주춧돌을 놓은 이후 25년 만에 완공됐어요. 큰 성당을 짓기 위해서는 많은 자금이 필요하기 마련이죠. 무엇보다 축축하게 젖어 있는 땅을 새롭게 다져야 했고, 공사하다 발견된 지하수를 배출해야 하는 문제도 해결해야 했어요. 리옹 시 당국과 귀족들은 물론 시민들도 한마음이 되어 물질적 후원을 마다하지 않았습니다. 당시 프랑스는 혁명의 영향으로 일상생활에서 신앙을 대놓고 표현하기 힘든 시기였어요. 또 사회에서는 자유주의와 민족주의가 부상하면서 탈종교화도 조금씩 퍼지고 있었죠.

그러나 리옹 사람들은 아랑곳하지 않고 성당을 짓는 데 집중합니다. 아무리 가톨릭교회가 혁명 정부에게 탄압을 받고 시민들에게 미움을 받을지라도 오랜 시간 사람들의 마음속에 남아 있는 신앙까지 없어지지는 않았죠. 그렇게 리옹 사람들 모두의 힘으로 만들어진 국민 성당인 푸비에르 성당은 1897년 교황 레오 13세에 의해 대성전으로 지정돼 지금까지 순례자들을 맞이하고 있습니다.

요즘 리옹의 겨울은 추운 바람을 뚫고 찾아오는 관광객들로 인

◀ 1872년, 주춧돌을 놓는 노트르담 드 푸비에르 대성전.

▶ 1875년, 건설 중인 노트르담 드 푸비에르 대성전.

노트르담 드 푸비에르 대성전의 내부 전경.

▲ 리옹의 첫 번째 주교 생 포틴의 리옹 도착을 묘사한 대성전의 모자이크.

▼ 대성전의 지하 경당.

산인해를 이룹니다. 얼마나 많은 사람들이 오냐면 11월부터 12월까지 숙박비와 식음료비가 두 배 넘게 뛸 정도예요. 유럽의 겨울은 비수기나 다름없는데 왜 이렇게 사람들이 많이 찾아올까요? 바로 리옹 빛 축제Fête des Lumières de Lyon 때문입니다. 그런데 이 축제는 푸비에르 대성전과 관련이 매우 깊습니다. 특히 대성전 꼭대기에 세워진 성모 마리아 상에서 시작됐다고 할 수 있죠. 이 성모 마리아 상은 가뜩이나 리옹에서 가장 높은 곳에 세워진 데다 사람들에게 더 잘 보이도록 황금으로 만들어졌어요. 날씨만 좋다면 햇빛에 반사돼 리옹 시내 어디서든지 반짝이는 성모 마리아 상을 볼 수 있는 거죠.

리옹 사람들은 자발적으로 돈을 모아 이 성모 마리아 상을 세웠습니다. 앞에서 언급한 세 번의 전염병, 특히 흑사병이 이 땅을 뒤덮었을 때 리옹만큼은 큰 피해를 입지 않은 것에 대한 고마움을 표현한 것이죠. 무려 5.6미터의 크기로 제작된 황금 성모 마리아 상은 마침내 1852년 12월 8일에 축복됐습니다. 원래는 이날 아주 화려한 불꽃놀이와 함께 갖가지 축제 프로그램을 열기로 계획돼 있었어요. 그런데 가는 날이 장날이라고 하던가요, 악천후로 인해 일체의 행사가 취소되면서 리옹 사람들은 한숨만 쉬며 허탈감에 빠졌습니다. 다행히 몇 시간 뒤에 날씨가 점점 개었지만 이미 행사는 모두 취소된 뒤였죠. 습기가 가득하고 땅이 젖어 있는 상태에서 축제를 이어간다는 건 불가능했으니까요.

그러자 리옹 시민들은 각자 자신의 집 창틀에 촛불을 밝혀서 성

푸비에르 대성전 종탑에 세워진 황금 성모 마리아 상.

2024년 12월 8일 '리옹 빛의 축제' 날 푸비에르 대성전의 모습.

모 마리아에 대한 고마움을 표현하기 시작했습니다. 수천 개, 수만 개의 초가 이어져 한순간에 리옹 시를 환하게 비추었죠. 바로 이 전통이 지금까지 이어져 매년 12월 8일 원죄 없이 잉태되신 동정 마리아 대축일에 빛의 축제를 열고 있는 것입니다. 푸비에르 대성전부터 빛의 축제까지 사람들이 한마음으로 만들어낸 리옹은 프랑스에서 가장 빛나는 도시가 아닐까 싶습니다.

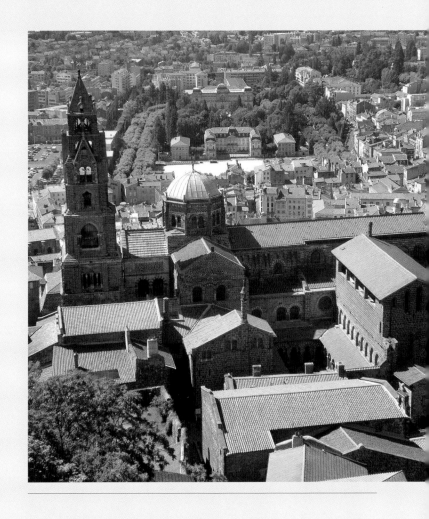

산티아고 순례길의 시작점

노트르담 뒤 퓌앙블레 주교좌성당
Cathédrale Notre-Dame du Puy-en-Velay

"한국인 순례자가 돌아왔다!"

코로나로 인한 팬데믹 시기가 끝나고 한국인들이 다시 산티아고 순례길을 걷기 시작했습니다. 순례길을 걷는 한국인 수는 매년 전 세계 상위 10위 안에 들고 아시아에서는 가장 많은 인원을 기록하고 있죠. 그래서 다시 한국 사람들이 순례길을 걷기 시작했을 때 스페인 사람들이 환호하며 반갑게 맞이했다는 소리도 들려옵니다.

산티아고 순례길은 예수의 열두 사도 중 한 사람인 성 야고보 사도의 무덤으로 가는 길을 말합니다. 최종 목적지는 그의 무덤이 있는 산티아고 데 콤포스텔라 주교좌성당이죠. 사실 열두 사도 중 야고보는 두 사람이 있는데 여기서 말하는 야고보는 제베대오의 아들 야고보(또 다른 사람은 알패오의 아들 야고보)를 가리킵니다.

순례길은 프랑스와 스페인에서 여러 갈래로 나뉘어 있습니다. 가장 인기 있는 길은 프랑스 길Chemin Français로, 보통 프랑스와 스페인의 국경 지대에 있는 작은 마을인 생장피에드포르에서 산티아고 데 콤포스텔라까지 이어집니다. 우리나라 사람들을 포함해 많은 사람들이 이 길을 선택해 걷습니다. 천 년이 넘는 시간이 지났지만 아직도 수많은 사람들이 직접 두 발로 걷거나 자전거를 타고 혹은 전통 방식대로 말을 타고 산티아고 데 콤포스텔라까지 가고 있죠.

특히 프랑스 길은 말 그대로 프랑스 사람들이 개척했습니다. 그래서 다양한 길이 존재하는데 파리, 베젤레, 르퓌, 아를 등 여러 곳에서 시작합니다. 이 모든 길은 방금 전에 얘기한 생장피에드포르에서 합류해 목적지까지 이어집니다. 이 중 가장 역사가 오래됐고 지금도 순례자들이 선호하는 길이 바로 '르퓌 길Chemin du Puy'입니다. 프랑스 중부 화산지대에 위치한 르퓌앙블레Le Puy-en-Velay라는 도시를 중심으로 만들어졌죠. 여기서 생장피에드포르까지 약 740킬로미터를 걷고, 거기서 다시 산티아고까지 약 780킬로미터를 걷습니다. 아마 이 길을 다 걸으려면 최소 세 달은 걸릴 거예요. 얼마나 많이 걷는지 감이 잘 안 오시죠? 서울에서 부산을 두 번이나 왕복하고 다시 편도로 한 번 더 가야 하는 거리입니다. 아무튼 이 큰 도전을 시작하기 위해 사람들이 모이는 성당이 있습니다. 르퓌 길의 시작점인 '노트르담 뒤 퓌앙블레 주교좌성당'을 소개하겠습니다.

순례길의 진짜 의미

오랜 시간 동안 프랑스는 교황청 버금가는 가톨릭 국가였습니다. 교황이 직접 대관식을 치러줄 정도였죠. 이것은 교황이 프랑스가 로마제국을 잇는 정통 후계자이며 프랑스 왕을 유일한 황제로 인정한다는 의미였습니다. 나머지 국가들의 군주는 모두 왕, 대공 등으로 불렸습니다.

교황은 프랑스를 통해 정치적인 힘을 얻고, 프랑스 왕은 교황을 통해 종교적 힘을 얻는 비즈니스 관계나 마찬가지였어요. 물론 진

노트르담 뒤 퓌앙블레 주교좌성당으로 가는 길.

심으로 신앙 안에서 종교생활을 열심히 한 프랑스 국왕도 있었지만, 어찌 됐건 프랑스는 교황에게 잘 보이기 위해 온몸으로 신앙을 표현했습니다. 그렇게 형성된 신앙 행위는 온 유럽에 퍼지기도 했죠. 산티아고 순례길도 마찬가지였습니다.

이 길을 걷는 주된 사람들은 프랑스 출신이었습니다. 8세기에 프랑스 사람들은 저 멀리 이베리아 반도에서 성 야고보 사도의 무덤이 발견됐다는 소식을 듣고 열성적으로 순례에 나섰어요. 그렇지 않아도 이슬람 세력이 유럽 땅을 호시탐탐 노리고 있었기 때문에 프랑스 사람들뿐 아니라 유럽인들에게 성 야고보 사도는 희망 그 자체였죠. 그래서 사람들은 순례라는 행위와 길 위에서 이뤄지는 기도로 그리스도교를 지키고자 했습니다. 그들의 바람이 통했던 걸까요? 이슬람 세력은 스페인 중부까지만 점령하고 그 이상은 넘어가지 못했습니다. 그 너머는 산티아고 순례길이 있는 지역이었어요. 짐작건대 이슬람 세력도 차마 무장하지 않은 순례자들을 공격할 수는 없었을 겁니다.

그런데 산티아고 순례길은 산티아고 데 콤포스텔라로 향하는 것만을 가리키지 않습니다. 또 산티아고 데 콤포스텔라에 도착하지 못했다고 해서 순례를 마치지 못했다고 말할 수도 없습니다. 순례를 하고자 한 발짝이라도 발을 내딛는 순간 이미 순례가 시작된 거나 마찬가지니까요. 이유는 간단합니다. 산티아고 순례길은 새로 만든 길이 아니기 때문이에요. 또 관광청이나 기업 등에서 '여기를 걸으세요'라고 지정해놓은 것은 더더욱 아닙니다. 이미 형성된 여러 갈래의 길을 연결한 것이 산티아고 순례길입니다.

그렇다고 아무 길이나 연결하지는 않았습니다. 가톨릭과 관련 있는 프랑스의 지역이나 성당, 수도원 그리고 유서 깊은 도시를 중심으로 연결했어요. 그래서 산티아고 데 콤포스텔라는 순례길의 최종 목적지일 뿐 유일한 목적지는 아닌 것입니다. 순례길 중간중간에 있는 성당과 가톨릭 유적지가 목적지가 될 수도 있어요.

앞에서 얘기했던 중세 시대 프랑스 사람들을 다시 생각해볼까요. 지금보다 더 힘든 상황에서 걸었을 겁니다. 표지판도 없고, 스마트폰은 더더욱 상상할 수 없었겠죠. 그래서 산티아고 데 콤포스텔라에 도착하는 사람들은 극소수였습니다. 그렇다고 그들의 여정이 순례가 아니었다고 말하지 않습니다. 어디에 가더라도 기도를 했고 어디에 도착하더라도 그 자체가 순례였습니다.

돌 위에 세워진 주교좌성당

르퓌 길의 시작인 르퓌앙블레는 어떤 도시이기에 산티아고 순례길에 편입됐을까요? 그 비밀은 바로 노트르담 뒤 퓌앙블레 주교좌성당 안에 있습니다. 이 성당은 그렇게 크지 않습니다. 주교좌성당이라고 써놓지 않으면 알 수 없을 정도로 작습니다. 그러니 성당을

노트르담 뒤 퓌앙블레 주교좌성당의 외관과 내부 전경.

열병의 바위.

자세히 살펴봐야 이곳이 왜 주교좌성당이 됐는지 알 수 있겠죠. 제
단을 중심으로 한번 보겠습니다.

성당 한쪽 구석에 뜬금없이 까만 돌이 놓여 있습니다. 얼핏 보면
놀랄 일도 아니죠. 옛날 옛적부터 이 지역이 화산 지대였으니 까만
현무암이 보이는 건 그리 낯선 일이 아니거든요. 그래서 이 주교좌
성당도 현무암이 섞인 돌로 지어져 까만색을 띠고 있습니다. 그런
데 자세히 들여다보면 이 돌은 사뭇 다릅니다. 현무암보다 더 까맣
고 윗부분은 해변의 자갈처럼 맨질맨질하죠. 일단 이것만 봐도 현
무암이 아닌 게 틀림없습니다. 돌의 크기도 장난 아니게 큽니다. 그
뿐일까요, 아주 넓습니다. 어른 세 명이 앉아도 될 만큼의 넓이를 가

진 직사각형입니다. 마치 거대한 식탁 아니면 고인돌처럼 보이기도 하죠. 더 재밌는 것은 이 돌 앞에 선 사람들이 하는 행동입니다. 아무렇지 않게 돌 위에 드러눕습니다. 게다가 두 눈을 감고 기도하는 모습은 당황스럽기까지 하죠. 주교좌성당을 방문한 많은 사람들이 너도나도 이 돌에 누워보겠다고 줄을 지어 기다리는 풍경도 심심치 않게 볼 수 있습니다.

이 돌의 이름은 '열병의 바위Pierre des Fièvres'입니다. 혹은 '발현의 바위Pierre des Apparitions'라고도 하죠. 전승에 의하면 이 돌은 원래부터 수천 년 동안 이 자리에 있었던 고인돌이었습니다. 어쩌면 선사 시대부터 있었을지도 모릅니다. 그러던 어느 날, 병에 걸려 죽을 날만 기다리던 한 부인이 꿈을 꿨습니다. 누군지도 모르는 사람이 그녀에게 아니스 산Mont Anis으로 가라는 지시를 내렸습니다. 부인은 곧바로 산으로 향했어요. 꼭대기에는 커다란 고인돌같이 생긴 바위가 있었고 그녀는 갑자기 잠이 들었죠. 순간 부인 곁으로 수많은 천사와 성인들이 에워싸기 시작했습니다. 그리고 그 한가운데에 누구보다 빛나는 한 여인이 자리 잡고 서 있었어요. 성모 마리아였습니다. 이윽고 눈을 뜬 부인의 주변엔 아무도 없었습니다. 그런데 한 가지 변화가 일어났죠. 부인이 눈을 뜨자마자 자신을 괴롭히던 병이 말끔히 사라진 겁니다. 이 소식을 들은 지역 주교는 감탄을 금치 못했고 성모 마리아가 나타난 바위 위에 성당을 지었습니다. 이것이 노트르담 뒤 퓌앙블레 주교좌성당의 시초입니다.

성모 마리아의 발현 소식은 삽시간에 온 동네로 퍼졌습니다. 사람들은 너도나도 아픈 몸을 이끌고 성모 마리아에게 도움을 청하며 이 신비로운 바위에 몸을 맡겼어요. 순례자들은 점차적으로 많아졌고 주교좌성당은 병든 사람을 치유해주는 바위와 함께 성모 마리아 성지로 유명해졌습니다. 성당에는 성모 마리아의 발현을 기념하기 위해 독특한 나무 조각상을 세웠습니다. 검은 피부를 가진 마리아 무릎 위에 아기 예수가 앉아 있는 모습인데 당시로서는 흔한 조각상이 아니었어요. 지중해 연안에 있는 그리스도교 공동체에서만 가끔 볼 수 있는 것이었죠. 이런 모습의 조각상이 어떤 경로로 프랑스 중부에 있는 이 도시에까지 흘러 들어왔는지는 알 수 없습니다. 분명한 것은 이 조각상 덕분에 더 많은 순례자들이 찾아왔다는 거예요.

수백 년이 흐른 13세기엔 이 조각상이 바뀝니다. 거룩한 왕이라고 불린 루이 9세는 십자군 전쟁을 마치고 돌아오는 길에 이 주교좌성당을 방문합니다. 그리고 자신이 갖고 있던 성모상을 봉헌했죠. 기존 조각상과 비슷한 모양에 색깔 또한 검은색이었습니다. 당시 루이 9세는 예수의 흔적을 찾아 지중해 전역을 누비며 물품을 수집하고 있었어요. 루이 9세가 봉헌한 성모 마리아와 아기 예수 조각상도 자신의 수집 유물 중 하나였을 겁니다. 하지만 안타깝게도 이 두 조각상은 지금 우리 눈으로 볼 수 없습니다. 첫 번째 조각상은 기록도 남지 않은 채 사라져버렸고, 루이 9세가 봉헌한 조각상은

◀ 루이 9세가 봉헌한 조각상의 모습을 새긴 판화.

▶ 현재 중앙 제단에 세워진 검은 성모자 조각상.

18세기 프랑스 혁명군에 의해 성당과 함께 불태워졌거든요.

현재 중앙 제단 위에는 세 번째 조각상이 세워져 있습니다. 원래 르퓌의 어느 수도원에 있던 것인데, 이 수도원은 오랜 시간 수도자들이 거주하지 않았고 조각상엔 먼지만 가득 덮여 있었습니다. 마침 프랑스 혁명으로 파괴된 주교좌성당을 새로 지으면서 여기로 옮겨 온 것이죠. 게다가 이 조각상 역시 검은 성모 마리아와 검은 아기 예수였기 때문에 이질감도 없었습니다. 그리고 1856년 6월, 르퓌 주교는 교황 비오 9세의 권한을 위임받아 이 조각상을 축복하고 주교좌성당의 공식적인 성모 마리아와 아기 예수 조각상으로 선포했죠.

매년 8월 15일, 성모 승천 대축일에 이 조각상은 주교좌성당 바깥으로 나갑니다. 건장한 남자들이 조각상을 들고 시내를 행진하면 곧이어 약 만여 명에 달하는 사람들이 뒤따르며 기도합니다. 사람보다 높이 올려진 검은 성모 마리아와 검은 아기 예수는 르퓌 시내 곳곳을 돌아다니며 사람들에게 위로와 평안을 주고 있습니다.

1호 산티아고 순례자

역사적 의미뿐만 아니라 종교적 의미까지 있는 노트르담 뒤 퓌 앙블레 주교좌성당이 산티아고 순례길의 시작점이 된 것은 매우 자연스러운 일입니다. 이상할 게 하나도 없어요. 게다가 르퓌 길은 성 야고보 사도의 무덤이 발견된 직후 생겼습니다. 산티아고 순례길 붐이 일어난 12세기 이전에 이미 르퓌 사람들이 산티아고로 향하고 있었던 거죠. 이렇게 된 데에는 르퓌 주교였던 고데스칼 Godescalc의 역할이 컸습니다. 그는 순례길을 통해 산티아고 데 콤포스텔라에 간 최초의 프랑스인입니다.

그가 순례길을 직접 걸었는지 아니면 마차를 타고 갔는지는 알려지지 않았습니다. 그러나 확실한 건 950년에 95명과 함께 산티아고 데 콤포스텔라로 향했고 한 해 뒤 그곳에 도착했다는 것입니다. 스페인 로그로뇨 알벨다의 성 마르틴 수도원의 고메즈 수도자에 따르면, 고데스칼 주교는 성 야고보 사도에 대한 애정이 남달랐다

순례자들이 가는 길.

고 해요. 그 이유가 기가 막힌데, 고데스칼 주교가 성 야고보 사도 축일인 7월 25일에 태어났고 또 같은 날 주교로 축성됐기 때문이라는 거예요. 이게 무슨 운명의 장난일까요? 저 같아도 성 야고보 사도를 좋아하지 않을 수 없겠습니다.

1호 순례자인 고데스칼 주교 덕분에 르퓌 길은 산티아고로 향하는 가장 오래된 순례길이 됐고, 노트르담 뒤 퓌앙블레 대성당은 순례자들이 모여드는 구심점 역할을 맡게 됐습니다. 성당 앞에는 병원을 지어 다른 곳에서 출발한 순례자들을 돌봐주기도 했어요. 주교좌성당과 바로 앞에 있는 옛 병원 건물은 1998년 유네스코 세계 문화유산으로 지정됐습니다.

그 명성에 따라 사람들은 지금도 노트르담 뒤 퓌앙블레 주교좌 성당에 모여서 새로운 여정을 시작합니다. 매일 아침 거행되는 순례자 미사는 이제 막 순례자로 거듭난 사람들에게 큰 용기를 북돋 아주고 있습니다. 마지막으로 신부님의 축복을 받은 순례자들은 주교좌성당 바닥에서 바로 이어지는 계단을 통해 순례길로 향하 죠. 하나둘씩 바닥 아래로 사라지는 이 모습은 더없이 감동적인 분 위기를 자아냅니다. 설렘과 긴장이 역력한 순례자들의 주변으로 마을 사람들이 그들을 향해 큰 박수와 기도로 힘을 보태기도 합니 다. 혼자 걷는 것이 아니라 여러 사람의 힘으로 함께 이뤄나가는 순 례길, 그 모습이 왠지 뭉클하게 다가옵니다. ____

세상에서 가장 특이한
기도 공동체

떼제 화해의 교회
Église de la Réconciliation à Taizé

유럽 그리스도교의 중심인 프랑스! 그런데 언젠가부터 프랑스 교회가 아주 깊은 고민에 빠져 있습니다. 사람들이 더 이상 성당이나 교회에 오지 않기 때문이죠. 특히 이삼십 대 젊은이를 찾는 건 모래 속의 진주를 찾는 것만큼 힘듭니다. 머리가 희끗한 어르신들만 보여서 그런지 이제는 프랑스 교회가 '교회의 맏딸'이 아니라 '교회의 늙은 딸'이라는 조롱을 받기도 하죠.

무엇보다 여러 번 겪은 프랑스 혁명에 이어 정교분리법이 제정되면서 종교가 일상생활에서 강제로 떼어내졌습니다. 공공 영역에서는 종교적 상징물조차 착용하지 못하고 공적인 자리에서는 특정 종교 얘기를 꺼내지 못하도록 법으로 정해놓은 겁니다. 이런 장치가 만들어진 지도 벌써 백 년이 훨씬 지났습니다. 오랜 시간 여러 세대가 바뀌면서 자연스럽게 종교는 자기 자신과 전혀 상관없는 존재로 전락하게 되었죠.

그렇다고 프랑스 사람들이 종교, 특히 그리스도교를 저버렸다고 말하는 건 과한 표현이라고 생각합니다. 일요일에 성당이나 교회에 나가지 않는 것과 종교의 본질에 관심을 가지지 않는 것은 전혀 다른 문제거든요! 프랑스 사람들은 오히려 영성에 초점을 맞춰 관심을 가지기 시작했습니다. 의무적인 미사나 예배를 드리지 않더라도 종교의 본질인 영성이 무엇인지 끊임없이 탐구하려 한 것입니다. 어쩌면 천 년이 넘는 세월 동안 그리스도교 자체가 프랑스와 유럽의 정체성을 만들어왔기 때문에 영성에 대한 관심은 자연스러운 현상일지 모르겠습니다. 예수를 믿지만 성당이나 교회엔 가지 않는다! 홀로 성당과 교회에서 기도할 뿐 미사와 예배엔 참석하지 않는다! 신앙을 이론으로 풀어내기 위해 신학을 공부해야겠다! 이렇게 생각하는 사람들이 많아지고 있는 겁니다.

그런데 여기 프랑스의 한 시골 마을을 봐주시겠어요? 이곳엔 작은 수도 공동체와 교회 하나가 세워져 있을 뿐인데도 매주 수백 명에서 수천 명의 사람들이 찾아와 머물고 있습니다. 또 종소리에 맞춰 수사들이 교회에서 기도를 시작하면 다른 사람들도 덩달아 함께 기도를 바칩니다. 다른 성당과 교회는 텅텅 비어 있는데 여기엔 사람들이 한가득 모여 있는 겁니다. 프랑스의 고질적인 고민이 여기만 비껴간 걸까요?

특이한 점은 여기서 그치지 않습니다. 머무는 사람들의 연령층이 주로 십 대부터 삼십 대까지의 젊은 층입니다. 게다가 프랑스 사람들만 있는 것도 아니에요. 가까운 독일부터 스페인, 영국 등 유럽은 물론이고 저 멀리 아메리카와 한국을 포함한 아시아에서 온 사람들도 있죠. 이렇게 생김새, 언어, 문화 등 배경이 가지각색인 사람들이 왜 여기에 온 것일까요? 왜 이 교회에서 기도를 하고 있는 걸까요? 정말 궁금하지 않을 수 없습니다. 네, 이번엔 세상에서 가장 특이한 교회, '떼제 화해의 교회'를 중심으로 이야기를 풀어나가도록 하겠습니다.

떼제 화해의 교회를 찾아오는 다양한 국가의 신자들.

작은 마을에 심겨진 희망의 씨앗

이 프랑스 시골 마을의 이름은 떼제입니다. 프랑스 중부 부르고뉴 지방에 위치하고 프랑스의 배꼽이라 불리는 리옹에서 자동차로 한 시간 반밖에 걸리지 않아요. 떼제 주변엔 울창한 숲과 마을 주민들이 일구는 밭밖에 보이지 않습니다. 약간 솟아오른 구릉 위에는 자연 그대로의 풀밭이 넓게 펼쳐져 있죠. 프랑스에서 흔히 볼 수 있는 작고 소박한 마을입니다. 그런데 앞에서 말씀드린 것처럼 이곳에 매주 수백 명에서 수천 명의 사람들이 찾아옵니다. 최근에 일어난 현상이 아니라 수십 년이나 된 모습입니다. 바로 1940년 스위스에서 온 로제$^{Roger\ Schutz}$(1915~2005년)라는 청년이 이곳에 정착하면서 시작된 일이죠. 잠깐 그가 이 마을에 정착한 그때로 되돌려보면 당시 세상은 제2차 세계대전으로 대혼란의 시대였습니다. 히틀러의 야심으로 시작된 전쟁은 온 유럽을 순식간에 초토화시켰습니다. 폴란드는 무너졌고 프랑스는 파리를 점령당했습니다.

로제는 개신교 목사의 아들이었어요. 당연히 그리스도교 신앙을 갖고 있었고 성경을 읽고 공부했습니다. 누구보다 예수의 가르침을 잘 습득하고 있었지만 한 가지 이해할 수 없는 게 있었어요. '왜 그리스도인들이 이렇게 서로 헐뜯고 죽여야 하는가'였습니다. 다 같이 예수를 믿는다면서 또 신앙이 있다고 고백하면서 왜 서로를 미워하고 싸우는지 이해할 수 없었어요. 분명 예수는 서로 사랑하라는 계명을 사람들에게 줬는데 말이죠.

　로제는 이 문제를 해결하기 위해 무언가 해야 한다고 생각했습니다. 그러다 어릴 때 가족들과 함께했던 좋은 추억을 떠올렸어요. 그의 아버지는 목사였지만 종종 가톨릭 성당에 가서 기도했고 외할머니는 제1차 세계대전 때 피난을 가지 않고 노인과 어린이 같은 사회적 약자들을 보살폈죠. 로제는 어릴 때부터 이 두 분을 통해 진정한 그리스도인이란 무엇인가에 대해 배우고 마음속에 간직하며 살았습니다. 그래서 로제는 그리스도인이 앞서서 서로 화해하고 신뢰를 쌓아야겠다는 생각을 합니다. 그리스도인부터 모범을 보이면 다른 사람들도 동참하지 않을까 하는 희망의 씨앗을 심어보려 한 것이죠. 그리고 이것의 기초는 기도 생활이라고 확신했습니다.

　우선 그는 기도하는 공동체를 세우기로 합니다. 이를 실현하기 위해 중립국인 스위스를 떠나 어머니의 고국인 프랑스로 향했어요. 프랑스와 스위스는 국경을 맞대고 있기 때문에 프랑스의 동부부터 둘러보는 게 자연스러웠죠. 독일에 의해 남북으로 찢겨진 프랑스의 동쪽 국경 근처엔 중세 유럽 수도원의 중심지였던 클뤼니가 있었습니다. 여기서 로제는 새로운 공동체를 구체적으로 구상하기 시작했고 주변에 정착할 수 있는 마을을 찾아다니기 시작했어요. 마침내 로제는 어느 마을에 빈집이 있다는 소문을 듣고 자전거를 타고 한걸음에 달려갔습니다. 그리고 그곳에서 우연히 만난 앙리에트^{Henriette Ponceblanc}라는 여인에게 자신의 계획을 고백하게 되는데 그녀에게서 한마디를 듣게 됩니다. "이곳에 머물러주세요. 우리는 정말로 쓸쓸하게 지내고 있습니다." 로제는 그녀의 말이 하느님의 음성이라고 느꼈어요. 결국 그는 이 마을에 있는 빈집을 몇 채 사서 정착하기로 결심했습니다. 우리가 잘 알고 있는 떼제 마을에서 말이죠.

환대와 기도 생활

로제는 외할머니가 그랬던 것처럼, 세계대전의 전화를 뚫고 악전고투 끝에 국경을 빠져나온 난민들을 정성껏 돌보기 시작했습니다. 그중에는 유대인들도 꽤 있었어요. 종교와 상관없이 도움의 손길이 필요한 사람이면 누구든 도와줬습니다. 하지만 스위스에서 온 청년이 난민을 숨겨준다는 악의적인 소문이 퍼지기 시작했고 로제는 어쩔 수 없이 스위스로 되돌아갈 수밖에 없었죠. 세계대전이 상상 이상으로 심각했거든요.

하지만 이것은 로제가 꿈꾸던 공동체 생활의 첫걸음을 뗄 수 있는 좋은 기회이기도 했습니다. 스위스 제네바에서 공동체 생활을 함께할 수 있는 사람들을 만났기 때문이죠. 그들은 매일 함께 기도하며 전쟁이 끝나기를 염원했습니다. 드디어 전쟁의 끝 무렵인 1944년, 로제는 공동체 생활에 뜻을 가진 사람들과 함께 떼제로 돌아왔어요. 그들은 예전과 변함없이 전쟁의 피해자들을 돌봤고 유대인뿐만 아니라 전쟁에서 패한 독일 포로들까지 보듬어줬습니다. 프랑스를 처참히 짓밟은 독일 사람들을 받아들이는 건 결코 쉬운 일이 아니었을 거예요. 실제로 마을 사람들은 독일 포로들을 매우 미워했습니다. 우리나라도 식민지 지배를 당해봐서 떼제 마을 사람들의 마음을 이해할 수 있을 거예요. 우리를 괴롭히고 목숨까지 빼앗으려 한 사람들을 돌보는 건 얼마나 어려운 일일까요. 그러나 로제에게는 아무런 문제가 되지 않았습니다. 예수가 이방인에게 먼저 손을 내밀었던 것과 똑같이 실천하고자 했죠.

기도 생활도 잊지 않았습니다. 허름한 마을 성당에서 하루 세 번 아침, 낮, 저녁에 공동 기도를 했고 기도 중엔 침묵 시간을 꼭 곁들였어요. 로제는 기도할 때 많은 말이 필요 없다고 생각했습니다.

기도를 위해서 하느님은 우리에게 특별한 기적이나 초인적인 노력을 요구하지 않으십니다. 그리스도인의 역사를 보면, 수많은 신앙인들은 말이 거의 없는 기도를 통해 신앙의 근원을 체험했습니다.

— 로제 수사, '기도, 샘물의 싱그로움처럼 La prière, fraîcheur d'une source'

마침내 로제는 1949년 부활절에 개신교 출신의 청년 일곱 명과 함께 평생토록 독신으로 공동체 일원으로 살겠다는 종신 서약을 했습니다. 그리고 공동체의 유지와 운영을 도맡았고, 공동체에서 함께 사는 사람들의 생활을 위해 수도 생활 규칙서도 작성했습니다. 공동체 생활은 조금씩 떼제에 뿌리를 내리기 시작했고 공동체의 틀은 점점 단단해졌어요. 마침내 1969년 가톨릭 출신의 청년들도 공동체 생활에 합류하게 됐죠. 사실 로제는 특정 교파를 위해 공동체를 만들지 않았어요. 기도하며 봉사하는 삶으로 참된 화해의 관계를 만들어 나가는 게 공동체 생활의 시작이었죠. 그러므로 로제 자신이 개신교였지만 다른 교파의 사람들을 받아들이지 않을 이유가 없었어요. 오히려 그의 아버지가 그랬던 것처럼 자연스럽게 그리스도인들이 만나서 어우러져야 했습니다. 초교파적인 공동체로 나아가게 된 것이죠.

그래서 지금도 떼제에서는 자신이 어떤 교파에 속하는지 굳이 얘기하지 않습니다. 어쩔 수 없이 말해야 할 때는 개신교 출신, 가톨릭 출신이라며 과거형으로 에둘러 말하는 걸 즐기죠. 떼제에서 공동생활을 하는 이 공동체에도 굳이 이름을 짓지 않았습니다. 얼마간의 시간이 흘러 떼제 마을에 사는 공동체, 곧 '떼제 공동체 Communauté de Taizé'라는 이름이 굳어져 수도 생활을 하는 공동체의 고유한 명칭으로 자리 잡게 됩니다. 누구나 환영받을 수 있고 누구나 함께 기도할 수 있는 곳! 떼제 공동체에 대한 소문은 유럽 전역으로 퍼져 나갔고 이 같은 삶에 매력을 느끼거나 궁금증을 갖게 된 많은 사람들이 떼제에 찾아오기 시작했습니다.

화해의 시작, 화해의 교회!

떼제 화해의 교회는 모든 사람들이 한데 모일 수 있는 만남의 장소입니다. 한마음으로 기도하고 한목소리로 노래할 수 있는 일치의 공간이죠. 하지만 떼제 공동체가 시작된 후 바로 새 교회를 세우지 않았어요. 큰 공간을 먼저 지어놓고 사람들을 채우려고 하지 않았던 거죠. 프랑스 가톨릭교회의 협조를 얻어 오래전에 세워진 마을 성당을 우선 사용했어요. 할 수 있는 범위 내에서 최대한 함께 기도하는 것이 가장 가치 있는 모습이라고 생각했던 거예요. 그리고 마침내 1962년 떼제의 가장 높은 언덕에 새로운 교회를 세우는데 바로 '화해의 교회'입니다.

통상 유럽 교회에서 구원자, 그리스도의 왕같이 예수를 지칭하는 말이나 성인들의 이름으로 짓는 것과는 딴판이죠? 정말 단순하게 교회 이름을 지었어요. 하지만 이 이름엔 로제 수사가 추구한 공동체의 정신이 고스란히 담겨 있답니다. 그리스도교 교파 간의 화해, 종교 간의 화해, 나라 간의 화해, 더 나아가 기성세대와 젊은 세대 간의 화해를 실현하고픈 염원 말이죠. 건축 과정도 화해 그 자체였어요. 떼제 공동체의 데니스 수사가 설계했고 제2차 세계대전 이후 화해를 위해 조직된 단체인 '속죄의 행동^{Aktion Sühnezeichen}' 소속 독일 젊은이들이 직접 와서 건축했죠. 제2차 세계대전이 끝난 지 한 세대도 지나지 않았는데 전쟁의 가해국인 독일의 청년들이 피해국인 프랑스에 와 교회 건물을 세우다니, 참으로 의미 있는 일이 아닐 수 없습니다. 단체 이름대로 '속죄의 행동'이었지요.

화해의 교회는 이렇다 할 특징이 없습니다. 여느 유럽의 성당과 같은 화려한 장식이 전혀 없어요. 더욱이 한 시대의 아름다움을 보여주는 특정한 건축 양식도 발견하기 힘듭니다. 교회 제단은 떼제 수사들이 공동 기도를 할 때 집중할 수 있도록 절제해 만들었고, 양옆으로 세워져 있는 십자가와 성모 마리아 그림은 묵상할 때 도움을 주도록 설치해놓았어요. 굳이 화려함을 찾자면 떼제 수사가 제작한 유리화 정도입니다. 유리화를 가볍게 통과한 빛은 단순한 색감을 머금은 채 교회 안을 비춥니다. 그렇다고 교회가 초라하거나 대충 지어졌다고는 결코 느껴지지 않습니다. 검이불루 화이불치儉而不陋 華而不侈, 검소하지만 누추하지 않고 화려하지만 사치스럽지 않다! 화해의 교회를 한마디로 이렇게 표현할 수 있을 것 같네요. 교회에 들어오는 사람들이 어느 것 하나 낯설어하지 않고 편안한 마음으로 머물 수 있게 한 것이죠.

현대에 이르러 교회를 증축할 때는 각 교파를 배려하는 모습을 담기도 했습니다. 교회 탑에는 정교회식 지붕을 올렸고 각 기둥마다 그림을 걸어놓았어요. 정교회에서 교회 기둥에 그림(이콘)을 걸어놓는 행위는 성인들이 교회의 기둥이라는 의미를 담고 있죠. 지하에는 가톨릭 경당을 만들어놓았습니다. 이로써 떼제를 방문하는 각 교파의 신자들이 자기네 방식으로 언제든 예배나 미사를 드

떼제 화해의 교회에서 기도를 드리는 사람들.

릴 수 있게 됐죠.

제단 장식에도 변화가 있었어요. 기존의 제단은 여러 개의 빨간 천을 천장에서 제단 바닥까지 길게 늘여놓았고, 제단 곳곳에 초를 놓아두었습니다. 이제는 모든 게 달라졌어요. 형형색색의 사각형 유리판이 제단을 장식하고 그 앞에 초를 놓았습니다. 다양한 대륙의 문화와 전통이 한데 어우러져 기도를 드린다는 의미를 담고 있는 거죠. 변화된 제단 장식에 관해서 어떤 떼제 수사는 이런 말을 했습니다.

"우리는 고정돼 있는 모습이 없습니다. 사람들과 시대에 맞춰 늘 변화하고 있습니다. 그러나 변하지 않는 건 하느님 그리고 우리의 기도입니다."

그런데 여기서 눈치채셨겠지만 저는 떼제 화해의 교회를 성당이 아니라 '교회'로 번역했습니다. 우리나라는 어떤 교파의 건물이냐에 따라 성당 혹은 교회로 뚜렷하게 구분하잖아요. 그래서 '그럼 여긴 가톨릭 성당이에요? 개신교 교회예요?'라고 물어볼 수 있을 것 같습니다. 교회라고 해도 꼭 개신교 교회만을 가리키지 않습니다. 교회라는 단어엔 크게 두 가지 의미가 있는데, 첫 번째는 예수를 그리스도로 믿는 사람들이 모인 공동체를 뜻합니다. 장소가 아니라 사람들의 모임 그 자체를 가리키지요. 그다음으로 우리가 이해하고 있듯이 종교 건물을 가리키는 의미가 담겨 있습니다. 가톨릭 신자들이 모인 곳도 교회, 개신교 신자들이 모인 곳도 교회라고

▲ 떼제에 머무는 사람들의 쉼터 '오약Oyak'.

▼ 떼제의 다양한 모습들.

말할 수 있는 것이죠. 따라서 떼제 화해의 교회는 어느 교파에도 속하지 않고 모든 그리스도인을 위한 종교 건물이므로 마땅히 교회라고 해야 하는 것입니다. 만약 같은 건물을 두고 자기네 교파만을 위한 공간이라고 주장한다면 떼제가 우리에게 일깨워주는 화해의 정신이 완전히 어긋나버릴지 모릅니다.

그냥 지나가는 떼제

1986년 떼제를 방문한 성 요한 바오로 2세 교황은 이런 말을 했습니다.

여러분처럼 저는 그저 떼제를 지나가는 사람입니다. 떼제를 지나가는 것은 샘터를 지나가는 것과 같습니다. 나그네는 잠시 쉬면서 갈증을 풀고 길을 계속 갑니다. 공동체의 수사들은 여러분을 여기에 붙잡아두려 하지 않을 것입니다. 그들은 여러분이 기도와 침묵 가운데 그리스도를 통해 약속된 생명수를 마시고 그분의 기쁨을 맛보며 그분의 현존을 체험하고 그분의 부름에 응답하기를, 그리하여 이곳을 떠나 다시 여러분의 교회와 학교, 그리고 무엇보다도 여러분의 일터에서 하느님의 사랑을 증거하고 여러분의 형제자매들을 섬기기를 바라고 있습니다.

▲ 떼제 공동체 설립자 로제 수사의 생전 모습, 2003년.

▼ 떼제 마을 교회의 묘지에 묻힌 로제 수사의 무덤.

떼제처럼 마음 편안하게 오갈 수 있는 곳이 또 어디에 있을까요? 공동체 수사들은 방문자들을 언제나 환영하고 있지만 어떠한 가르침도 전하려 하지 않습니다. 강요와 부담 없이 떼제에 머물며 자연스럽게 체험하고 쉬어 가기를 바라고 있습니다. 수사들이 기도하는 것처럼 화해의 교회에 모여 하루 세 번 기도해야 하지만 강요하지 않습니다. 또 기도할 때도 허리를 꼿꼿이 세워야 한다든가 두 손은 합장해야 한다든가 등의 방법을 제시하지도 않습니다. 그래서 어떤 사람은 수사들이 앉는 자리에 가까이 앉아서 두 눈을 감고 기도하기도 하고 또 다른 사람은 교회 맨 뒤에서 벌러덩 누워 기도하기도 합니다. 외적인 모습보다 그리스도 안에 머물고 함께 기도한다는 자체가 중요한 것이죠.

또 자신이 원한다면 공동체 수사들이나 공동체를 도와주고 있는 수녀들과 대화를 나눌 수 있는 기회도 만들 수 있습니다. 그러나 수사와 수녀들은 상대방의 이야기를 듣는 것에 집중하죠. 얘기를 하고 싶은 사람의 단어 하나하나가 귀중하기 때문입니다. 그렇다면 떼제에서는 사람들에게 어떤 걸 바라고 있을까요? 글쎄요, 딱히 바라는 게 있다고 말하긴 어려울 것 같습니다. 영적으로 목마른 사람에게 물 한 모금 떠주는 것, 이게 떼제에서 하는 일이거든요. 만약 그 한 사람이 힘을 내서 또 다른 사람에게 목마름을 채워준다면 더 좋은 일이겠지만요.

수도원 운동의 중심지

클뤼니 아빠스좌 성당
Église abbatiale de Cluny

클뤼니는 매우 작은 마을입니다. 제가 떼제에 장기 자원봉사자로 머물면서 가끔씩 장을 보러 가거나 아이스크림을 먹으러 갈 때 들렀던 마을이 바로 이곳이었어요. 가볍게 놀러 다녔던 곳이지만 클뤼니가 아주 유서 깊은 마을이라는 걸 알고서는 매우 놀랐던 기억이 납니다. 왜냐하면 중·고등학교 시절 세계사 시험 문제에 빠짐 없이 나왔던 유럽 마을 이름이 클뤼니였거든요. 가톨릭교회가 주류 종교로서 유럽 사회를 휘어잡고 있던 중세 시대에 '변화의 아이콘'이라고 배웠던 내용이 기억났던 거예요. 주입식 교육의 효과라고나 할까요?

저는 그곳에 발을 디뎠다는 게 믿기지가 않았습니다. 마치 역사의 한 장면에 빨려 들어가는 듯한 느낌이었거든요. 가장 놀랐던 것은 옛 수도원 성당의 종탑이었습니다. 프랑스 혁명으로 건물 대부분이 파괴됐는데도 남아 있는 종탑만은 여전히 거대한 크기를 자랑하고 있었죠. 얼마나 높고 거대한지 마을 바깥에서도 훤히 보일 정도였습니다. 실로 종탑 가까이 가서 고개를 한껏 뒤로 젖혀 올려다봐야 하는 엄청난 크기이건만, 사실 그게 수도원 성당에 세워진 여러 개의 종탑 중에서 중앙 탑이 아니라 측면 탑이었던 게 더 놀라웠습니다! 도대체 원래의 성당은 얼마나 컸던 걸까요?

으레 수도원이라고 하면 사람들이 잘 다니지 않는 곳에서 은둔 생활을 하며 기도와 노동으로 살아가는 공동체라고 생각합니다. 그런데 클뤼니에 있는 수도원만큼은 그런 예상을 빗나가게 합니다.

클뤼니 성당의 측면 종탑.

마을 한가운데에 떡하니 세워져 있고, 그 크기도 거대하죠. 수도원에서 원장을 부르는 호칭도 다릅니다. 아빠스[Abbas]라고 부르죠. 아빠스는 그냥 수도원이 아니라 대수도원의 총책임자, 즉 원장을 가리키는 말입니다. 그리고 그 직책은 가톨릭교회에서 주교에 준하는 예우를 받기 때문에 교구의 주교좌성당처럼 아빠스좌라는 특별한 의자가 수도원 성당에 놓이게 됩니다.

클뤼니 수도원은 어떤 곳이었을까요? 과연 중세 가톨릭교회와 유럽 사회에서 어떤 영향을 끼쳤을까요? 수도원에 세워져 있던 클뤼니 아빠스좌 성당을 중심으로 이야기를 들려드리겠습니다.

세속화된 서방 교회

10세기는 서유럽에서 봉건 제도가 등장한 때였습니다. 특히 프랑스 왕정은 중앙집권화를 이루지 못했기 때문에 지방 영주들의 힘이 강해지면서 봉건 제도가 더욱 견고해질 수밖에 없었죠. 봉건 제도에 대해 잠깐 알아볼까요. 아주 간단하게 말하면 중세 유럽 사회를 구성한 기본적인 구조인데 예를 들면 이렇습니다. "나에게 땅이 있는데 혼자 농사짓기 힘드니 네가 와서 좀 해줘. 대신 무슨 일이 있어도 내가 널 지켜줄게." 이렇게 서로 계약을 맺는 것입니다. 필요한 점을 서로 채워주면서 하나의 조직이 만들어지는 셈이죠. 농민은 기사의 아래로 들어가고 기사는 귀족의 아래로 들어가고 또 귀족은 왕 밑으로 들어가면서 다단계식의 계약 관계가 맺어지는 게 바로 봉건제입니다.

당시 가톨릭교회는 어땠을까요? 이미 그리스도교가 공인돼 퍼지기 시작한 지 수백 년이 지났기 때문에 그리스도교 신앙은 유럽 사람들의 삶 깊숙이 자리 잡고 있었습니다. 특히 사막이나 동굴에서 은둔 생활을 하거나 공동체를 이루며 그리스도교의 가치를 더욱 발전시켜왔던 수도자들이 많이 등장했습니다. 수도자는 사람들을 가르치고 가난한 사람들을 도우며 살면서도 수도자 본연의 임무인 기도와 영성 강화 훈련을 멈추지 않았어요. 신분과 봉건 계층을 막론하고 사람들은 이런 수도자들을 따르며 가르침을 얻고자 했고 특히 봉건 영주들은 자기 지역에 수도자를 모셔 와 살게끔 하려고 수도원을 지어주기도 했습니다.

이렇게 삶과 신앙이 잘 연결돼 서로 균형을 이루면 얼마나 좋았겠습니까. 하지만 사람의 마음이라는 게 그렇지 못한가 봅니다. 점차 시간이 지나면서 이 균형이 깨지고 말았어요. 영주들은 수도원을 자신의 영향력 아래 두면서 자기 입맛에 맞는 수도원장을 임명하고 자신의 정치적 입지를 다지려고 했습니다. 그러다 보니 수도원 상황이 엉망이 돼버렸죠. 정치적 권력의 힘을 맛본 수도자들은 자신들이 갖고 있던 땅을 이용해 농노들에게 권한을 행사하고 부를 축적하며 마치 자신들이 영주인 양 굴었던 겁니다. 당시 유럽의 대표적인 수도원이었던 성 베네딕토회의 수도자들은 공동생활을 위해 베네딕토(480~547년)가 쓴 규칙서를 더 이상 들여다보지 않는 지경이 됐습니다. 완전 엉망진창이죠? 개혁이 필요했습니다!

수도원 개혁의 시작

클뤼니 수도원은 이런 흐름 속에 수도원이 존재하는 이유를 다시 찾아야 하는 사명으로 910년 9월 11일에 세워졌습니다. 한마디로 '개혁 수도원'인 것이죠. 클뤼니는 리옹에서 그리 멀지 않은 프랑스 중심에 있는 시골입니다. 당시 신앙심이 깊었던 마콩^Mâcon 지역의 영주 귀욤 1세가 개혁을 추구하는 수도자들을 위해 땅을 기증해 수도원을 세울 수 있도록 한 게 개혁의 시작이었습니다. 그는 기존의 영주들과 달랐어요. 당연히 그래왔던 것처럼 수도원을 자신의 발밑에 두지 않았습니다. 오히려 수도회는 교황이 직접 책임지고 관리해야 한다고 생각했죠. 그래서 클뤼니 수도원을 성 베드로와 성 바오로에게 봉헌하기에 이릅니다.

성 베드로는 예수의 열두 사도 중 한 명으로 사도단의 대표였고 또 초대 교황으로 예수에게 인정받은 인물입니다. 그리고 성 바오로는 엄청난 지식인이었지만 예수를 박해하다가 마음을 바꾸고 교회의 시스템을 만들어놓았습니다. 귀욤 1세가 가톨릭교회의 두 기

마당에서 바라본 현재의 클뤼니 수도원 옛 건물.

둥인 두 성인에게 클뤼니 수도원을 봉헌했다는 것은 크게 두 가지를 의미했습니다. 첫째, 교회 본연의 초창기 모습으로 돌아가서 기초부터 탄탄히 다시 시작해보자. 둘째, 전통적으로 교회 수위권을 가진 교황을 팍팍 지원해주자. 이 정도만 해도 아주 훌륭한 업적인데 여기서 멈추지 않았습니다. 그는 자신이 수도원장을 임명하지 않기로 합니다. 클뤼니 수도원에 살게 될 수도자들이 스스로 원장을 뽑는 게 바람직하다고 여겼던 거예요. 귀욤의 엄청난 신앙적 의지가 엿보이죠?

성공적인 수도원 개혁

클뤼니 수도원의 초대 원장으로 임명된 사람은 베르농^{Bernon} 수사(850~927년)입니다. 그는 성 베네딕토회 수도자로 이전부터 주야장천 자신의 수도회가 바뀌어야 한다며 개혁을 외쳤던 인물입니다. 그리고 지역 주교의 승인으로 클뤼니에 오게 된 것이죠. 그는 봉건제도와 세속적 권력이 더 이상 수도원 안에 들어오지 못하도록 힘썼습니다. 그렇게 되기 위해서는 수도자가 수도자다워야 한다고 생각했죠. 바로 수도회 규칙을 따르는 것이었습니다.

수도회 개혁은 매우 성공적이었습니다. 유럽 전역에 있는 수도자들이 클뤼니에 몰려와 개혁 방법을 배우고 자신들의 수도원에서도 개혁을 단행하기 시작했죠. 프랑스뿐 아니라 독일, 이탈리아까지 이 운동은 확산됐어요. 시골 마을 클뤼니가 유럽의 중심 마을이 된 것이죠. 그러다 보니 많은 수도자들이 배움을 넘어 아예 클뤼니 수도원 소속으로 살면 안 되겠느냐고 아우성치기 시작했습니다. 마침내 931년 클뤼니 수도원은 교황 요한 11세의 허락하에 크고 작은 수도원을 예하 수도원으로 두게 됐죠. 연합 수도원의 체계가 마련된 겁니다. 가장 많았을 때가 약 천2백 개였고 수도자들은 만 명 정도 됐다고 하니 그 규모가 얼마나 컸을까요. 유럽의 거의 모든 수도원은 이 클뤼니를 중심으로 조직이 재편성됐다고 해도 과언이 아닙니다.

수도원 개혁은 약 2세기 동안 훌륭한 대수도원장들에 의해 더욱 밀도 있게 펼쳐졌습니다. 특히 그들이 수도회 규칙을 따르면서 강조했던 건 성 베네딕토회의 기본 모토인 '기도하고 일하라$^{Ora\ et\ Labora}$' 였어요. 쉽게 얘기하면 공동체와 함께 기도하는 것, 자신과 공동체를 위해 노동하는 것이 수도 생활에서 가장 중요한 임무라는 거죠. 어떻게 보면 하느님의 일과 세속의 일이 균형 잡힌 삶을 사는 거라고 말할 수 있겠습니다. 그리고 여기에 한 가지를 더 덧붙였는데 바로 영적 독서$^{Lectio\ Divina}$였습니다. 영적 독서는 지금도 현대 신앙인이 가장 널리 행하고 있는 신앙 훈련인데, 책을 읽고 묵상하는 것뿐만 아니라 기도하면서 행동하는 방법으로 알려져 있어요.

기도만 하고 일하지 않는 수도원

클뤼니 수도원은 수많은 사람들을 감당하기 위해 더 큰 성당이 필요해졌습니다. 많은 사람들을 수용할 수 있는 넓은 공간뿐만 아니라 미사를 아름답게 거행할 수 있도록 건물을 효율적으로 짓고자 했죠. 게다가 화려하기도 해야 했고요. 마침내 1130년에 이르러 클뤼니 아빠스좌 성당이 탄생했습니다. 입구에서부터 제단 뒤까지 길이가 무려 187미터나 됐고, 1506년 로마 성 베드로 대성전이 착공되기 전까지 서방 세계에서 가장 큰 건물이었어요. 수도자들은 이 성당을 중심으로 아름다운 예배를 이어나갔습니다. 신앙의 표현인 예배, 일종의 전례를 통해 클뤼니 수도자들은 음악, 예술, 출판 등에서 비약적으로 문화적 발전을 이루기도 했지요.

그런데 여기서 아주 큰 문제점이 발생했습니다. 시간이 흐르면서 수도자들의 기본 생활 규칙이라고 할 수 있는 기도와 노동 그리고 영적 독서의 균형이 깨지기 시작한 겁니다. 시대의 영적 흐름을 주도했던 수도원에 이끌려 많은 사람들이 클뤼니에 정착하면서 마을이 형성됐는데, 수도자들이 노동을 마을 사람들에게 맡겨버린 채 전례에만 치중하는 삶을 살았습니다. 게다가 거대화된 수도원 조직을 운영하며 막대한 부가 쌓이면서 수도자라기보다 행정가에 가까운 삶을 살기에 바빴죠.

전성기 클뤼니 수도원의 모습을 보여주는 모형(위)과 현재 남아 있는 부분을 보여주는 모형(아래).

영원한 건 어디에도 없다

클뤼니 수도원은 더 이상 매력이 없어졌습니다. 개혁의 중심이었던 곳이 개혁의 대상이 돼버렸죠. 그러자 다시 수도원 본연의 모습으로 돌아가자는 운동이 거세게 일어났고, 성 베르나르도 같은 새로운 인물이 다른 수도회를 설립하면서 많은 수도자들이 클뤼니를 떠나기도 했어요. 시간이 흐르면서 클뤼니 수도원은 점차 쇠락의 길을 걸었고 결국 프랑스 혁명의 된바람을 맞고 말았습니다. 혁명 의회의 결정에 따라 모든 성당이 폐쇄되고 사제직이 사라지면서 1791년 10월 이곳에 남아 있던 열두 명의 수도자들은 마지막 미사를 봉헌한 직후 수도원을 떠나야 했죠. 이렇게 클뤼니 수도원은 약 8백 년 만에 문을 닫게 됐습니다.

사람들은 수도원 건물을 가만두지 않았습니다. 혁명을 주도한 사람들은 사회에서 터져 나오는 불공정에 대한 비판과 불만을 가톨릭교회에 떠넘겼고 이에 대한 보복으로 성당과 수도원을 파괴했습니다. 건물을 무너뜨리는 것에 그치지 않고 마을 사람들의 집을 짓는 데 사용하려고 허물어진 건물의 자재들마저 모조리 뜯어 갔죠. 수도원이 채석장이 돼버린 겁니다. 결국 클뤼니 수도원은 수도자들이 살았던 한 동의 건물과 성당 측면의 첨탑만 남게 됐습니다. 원래 건물의 고작 8퍼센트만 남은 것이죠.

저는 클뤼니 수도원의 잔해 한가운데에 서서 많은 생각이 들었

부서진 그대로 남아 있는 모습.

습니다. 이 큰 건물에서 중세 가톨릭교회와 유럽 사회를 개혁의 바람으로 이끌었던 모습은 어디로 사라졌을까요? 아무리 좋은 뜻을 품고 수도 생활을 하더라도 첫 마음을 유지하지 못한다면 교만함에 빠질 수 있다는 경고를 보여주는 것 같았습니다. 또 인간이 얼마나 나약한 존재인지 알려주는 것 같아서 기분이 씁쓸했습니다.

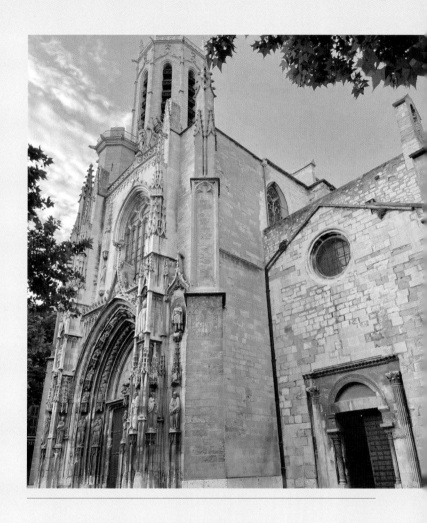

프랑스에서 가장 오래된
주교좌성당

엑상프로방스 생소뵈르 주교좌성당
Cathédrale Saint Sauveur d'Aix-en-Provence

프랑스에서 가장 오래된 주교좌성당을 꼽으라면 바로 엑상프로방스 생소뵈르 주교좌성당이라고 자신 있게 말할 수 있습니다. 5세기에 첫 성당을 짓고 계속 증축을 했으니 무려 천5백 년이나 되었거든요. 우리나라 역사와 비교해보면 고구려의 장수왕이 막 영토를 넓힐 때 엑상프로방스에선 이 성당을 짓고 있었던 거죠.

하지만 성당을 처음 마주하면 멋있는 건물이라고 느끼기 어려울지도 모르겠습니다. 마치 공사하다 중단한 것처럼 건물의 선들이 삐뚤빼뚤하고 좌우대칭도 맞지 않거든요. 프랑스 북부에 많이 세워진 반듯한 고딕 성당을 주로 본 사람이라면 더더욱 그렇게 느낄 수도 있겠습니다. 하지만 오래 봐야 또 계속 봐야 진정한 매력을 찾을 수 있다는 말이 있죠. 생소뵈르 주교좌성당을 하나하나 뜯어서 다시 보고 또 이 성당에 얽혀 있는 이야기를 알게 되면 그 오묘한 매력에 금방 빠질 수밖에 없을 거예요.

저로서는 이 성당을 소개할 수 있어서 너무나 기쁩니다. 왜냐하면 제가 프랑스에서 5년 동안 유학생활을 했는데 생소뵈르 주교좌성당이 위치한 엑상프로방스에서 쭉 살았거든요. 제가 살던 집도 성당에서 그리 멀지 않아서 매일 성당 종탑에서 울리는 은은한 종소리에 기대어 하루를 시작하고 마무리했던 기억이 납니다. 무엇보다 일요일마다 이 성당에 가서 미사를 드렸기 때문에 정이 듬뿍 든 곳이라고 말할 수 있겠네요. 자, 이제 엑상프로방스 생소뵈르 주교좌성당을 낱낱이 파헤쳐보겠습니다.

생소뵈르 주교좌성당의 외관.

전통이 살아 숨 쉬는 프로방스

엑상프로방스는 로마제국이 세운 아주 오래된 도시입니다. 로마 제국은 프랑스까지 뻗은 제국의 영토를 효율적으로 관리하기 위해 바로 이곳에 지방 관청을 세워 행정 중심지로 만들었죠. 모든 길은 로마로 통한다는 말이 있듯이 사람들은 프랑스에서 로마로 가기 위해 엑상프로방스를 꼭 지나야 했습니다. 여기서 행정 처리를 하고 긴 여정에 필요한 물건도 사면서 며칠씩 머물렀죠. 그리고 바로 옆에 위치한 마르세유 항구에서 배를 타고 로마로 갔습니다.

무엇보다 엑상프로방스는 물이 풍부했어요. 북부에는 무수히 많은 산이 솟아 있고 남쪽에는 지중해가 펼쳐져 있어서 자연스레 지하수가 형성됐습니다. 로마인들은 이것을 개발해 도시 곳곳에 분수를 세우고 온천을 만들어 사람들이 휴양할 수 있는 공간을 많이 만들었죠. 이뿐만 아니라 꽤 많은 수의 로마 군대도 주둔시켰습니다. 로마 군인들은 포도주를 즐겨 마셨어요. 그들은 프로방스 특유의 강한 햇빛과 석회질이 풍부한 이 땅에서 최고의 포도주를 만들어냈습니다. 지금도 프로방스 로제 와인은 세계 최고라는 찬사를 받고 있죠.

엑상프로방스는 이처럼 행정, 군사, 상업 등이 집중돼 있는 도시였기에 종교 시설 또한 존재했습니다. 로마제국은 전통적으로 다신교 국가여서 엑상프로방스에는 아폴론 신을 숭배하는 신전이 세

멀리 보이는 생소뵈르 주교좌성당.

워져 있었어요. 빛을 상징하고 음악과 시를 관장하는 아폴론 신! 이 지역과 아주 잘 어울리는 것 같습니다. 그런데 로마제국이 그리스 도교를 정식 종교로 공인하면서 상황이 돌변합니다. 로마 시를 중심으로 기존에 세워진 다신교 신전들을 무너뜨리고 성당을 세우기 시작한 것이죠. 아시다시피 그리스도교는 유일신 종교거든요. 당연히 일어날 수 있는 일이었죠. 로마에서 멀리 떨어진 엑상프로방스는 어땠을까요? 마찬가지로 시내 한가운데에 웅장하게 세워져 있던 아폴론 신전을 무너뜨렸어요. 그리고 그 위에 새로운 성당을 지었는데 그것이 바로 생소뵈르 주교좌성당입니다.

어디에도 이런 성당은 없다?

사실 주교좌성당을 짓기 전부터 엑상프로방스엔 그리스도교 공동체가 존재했습니다. 『로마 순교록』에 의하면 예수 승천 후 이스라엘 땅을 건너 이곳에 정착한 성 막시미노가 처음 그리스도교를 전했다고 해요. 그가 작은 경당을 세우면서 거룩한 구세주인 예수에게 바쳤는데 여기에서 생소뵈르라는 이름이 나온 것으로 보고 있죠. 생소뵈르는 '거룩한 구세주'라는 뜻이거든요. 안타깝게도 성 막시미노가 세운 경당이 어떤 모습이었는지는 정확히 알 수 없습니다. 건물의 흔적이 남아 있지 않고 당시의 기록도 없기 때문이죠. 하지만 5세기에 아폴론 신전을 무너뜨리고 정식으로 새로 지은 성당의 모습은 지금도 남아 있습니다. 바로 생소뵈르 주교좌성당 안쪽에 있는 세례당에서 그 흔적을 찾을 수 있죠.

세례당은 그리스도인이 되기 위해 꼭 거쳐야 하는 세례 예식을 행하는 곳입니다. 지금도 마찬가지지만 세례 예식은 물을 사용해야 해요. 물은 정화를 상징하고 새로운 삶을 살겠다는 다짐을 보여주거든요. 지금이야 세례 예식이 많이 간소화돼서 머리에 물을 살짝 묻히기만 하지만 과거에는 반드시 온몸을 물웅덩이에 담가야 했습니다. 아니, 그렇다면 그 많은 물을 어디서 가져왔을까요? 세례를 주는 사람과 받는 사람까지 최소한 두 명이 들어가야 하는 공간에 물이 가득 채워져야 할 텐데요. 방법은 아주 간단했습니다.

뫼니에가 그린 생소뵈르 주교좌성당의 세례 의식, 1792년.

앞에서 얘기했듯이 엑상프로방스는 물의 도시거든요. 무엇보다 성당과 함께 세례당이 위치한 곳은 시내 중심가였습니다. 로마인들이 만들어놓은 온천과 수로가 아주 잘 정비돼 있었죠. 이걸 이용했습니다. 세례당까지 수로를 만들어 물을 끌어왔던 거예요. 그 주변으로는 8개의 기둥을 세워 돔을 만들었습니다. 기둥 사이사이에 천을 덧씌워 세례 예식을 마친 사람들이 젖은 옷을 벗고 새 옷으로 갈아입게 했죠. 그런데 이 기둥들은 색깔이 서로 다르고 모양도 제각각입니다. 몇 개는 무너진 아폴론 신전에서, 또 몇 개는 주변에 있던 로마 포럼에서 가져왔기 때문이죠. 천5백 년 동안 돔을 지탱해온 기둥과 돔 사이사이로 비치는 햇빛이 오묘한 조화를 자아내고

생소뵈르 주교좌성당의 세례당.

있습니다. 참고로 지금은 세례당 아래로 흐르던 물길이 막혀 있습니다. 그 대신 현대식 욕조를 올려서 전기로 물을 따뜻하게 데우고 세례 예식을 하고 있어요.

짬뽕에 짬뽕을 더한 건축

지역에 세례당이 있다는 건 매우 중요한 사실을 말해줍니다. 바로 주교가 거주한다는 뜻이죠. 초창기 그리스도교에서 세례는 반드시 주교가 행하는 예식이었기 때문입니다. 주교는 막강한 힘을 가지고 있었어요. 기본적으로 모든 성직자는 귀족층에 속했고 주교는 지역을 다스리는 영주였습니다. 중세 시대에 그 역할은 갈수록 커졌고 주교좌성당은 정치, 행정, 종교의 중심 역할을 했죠. 그래서 크고 많은 건물이 필요했습니다. 세례당을 중심으로 성당도 짓고 사무실도 짓고 주교가 거주하는 집도 지었죠. 하지만 이슬람 군대의 침략으로 많은 건물이 훼손됐고, 사람들은 남아 있는 부분을 활용해 증축하기 시작합니다. 마침 건축 기술도 상당히 발전해 있었어요. 10세기 전후로 크게 유행한 로마네스크 양식이 도입됐죠.

12세기에 들어서는 엑상프로방스의 인구가 폭발적으로 늘어납니다. 동시에 미사를 드리러 성당에 오는 사람도 많아지면서 기존의 규모로는 더 이상 수용할 수 없는 지경에 이르렀습니다. 또다

다양한 건축 양식을 볼 수 있는 생소뵈르 주교좌성당.

시 증축이 필요해졌죠. 이때는 새로운 건축 양식이 개발돼 파리를 중심으로 유행하던 시기였어요. 그 유명한 고딕 양식입니다. 이제는 하늘 높이 건물을 지을 수 있게 됐고 더 넓은 지붕을 얹어 큰 공간을 만들 수 있게 됩니다. 그래서 기존에 있던 세례당과 여러 부속 건물을 이어서 하나의 성당으로 만들어버립니다. 1425년엔 아주 큰 종탑도 세웠죠.

이후에도 주교좌성당 증축은 계속됩니다. 17세기엔 바로크 양식으로, 19세기엔 네오고딕 양식으로 공간을 확장해갔어요. 마지막 공사는 1999년이었죠. 가톨릭 미사 예법이 바뀌면서 새로운 제단을 만들어야 했습니다. 여기엔 현대적 공법을 이용해 중앙 제단을 쌓고 금속으로 부속 용품을 만들어 올렸어요. 무려 천5백 년 동안 계속 이어진 공사! 하지만 이 덕분에 생소뵈르 주교좌성당은 건축학을 공부하는 학생들과 학자들에게 매우 인기 있는 장소가 됐습니다. 필요에 의해 증축했지만 뜻하지 않게 그 당시에 가장 유행한 최신 건축 기법이 켜켜이 쌓인 건축물이기 때문이죠. 한 공간에서 다양한 건축 양식을 볼 수 있는 겁니다.

유럽에서 가장 아름다운 정문

생소뵈르 주교좌성당엔 아주 비밀스러운 작품이 하나 있습니다.

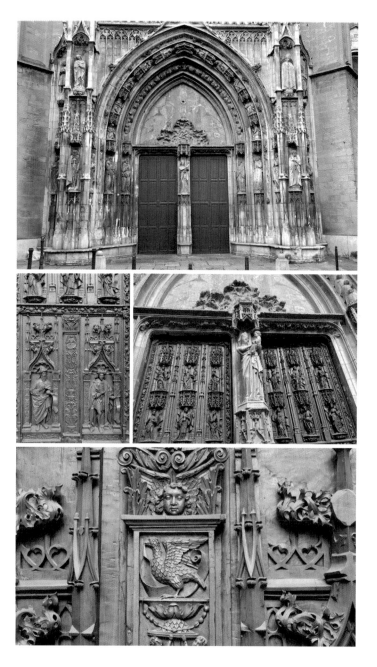

생소뵈르 주교좌성당의 아름다운 정문.

바로 1508년에 제작된 성당 정문입니다. 얼핏 보면 평범한 나무판자가 걸려 있어서 무엇이 비밀스러우냐고 반문할지도 모르겠어요. 그러나 아름다움은 보이지 않는 곳에 숨겨져 있는 법! 마치 비밀의 문처럼 나무판자 뒤에 진짜가 존재하고 있죠. 이 정문은 고딕 양식으로 증축한 시기에 마지막 작업으로 진행됐습니다. 프로방스에서 유명한 조각가인 레이몽과 장 형제frères Raymond et Jean Bolhit 그리고 툴롱의 조각가 장 귀라망Jean Guiramand이 성당의 의뢰를 받아 건축하기 시작했죠. 그들은 호두나무를 사용하기로 결정합니다. 지금도 마찬가지지만 호두나무는 색깔이 아름답고 단단해서 아주 고급스러운 목재예요. 오랜 전통이 숨 쉬는 주교좌성당에 걸맞은 소재였던 겁니다.

보통 성당 정문에는 '최후의 심판'과 같이 사후 세계와 관련된 이야기를 많이 새겼습니다. 신앙생활을 열심히 해야 천국에 갈 수 있다는 걸 성당에 들어갈 때마다 각인시켰죠. 생소뵈르 주교좌성당의 호두나무 정문에는 구약성경의 예언자들을 조각으로 새겼어요. 그리스도교가 가르치는 구원은 구약성경에서부터 지금까지 이어져 내려오고 있다는 점을 강조한 겁니다. 완성된 문은 매우 아름다웠습니다. 예언자들의 표정이 지금도 살아 숨 쉬는 것처럼 느껴질 정도예요. 얼마나 세밀하게 표현했는지 얼굴 표정이나 수염은 물론이고 그 주변을 에워싸고 있는 이파리 장식까지 감탄이 절로 나옵니다.

5백 년 넘게 주교좌성당 입구를 지키고 있던 이 아름다운 정문은 유럽 전역으로 입소문이 나기 시작합니다. 수많은 사람들이 이 조각 작품을 보려고 엑상프로방스에 몰려왔죠. 아마 문짝을 통째로 뜯어서 가져가고 싶어 한 사람도 있었을 겁니다. 하지만 그 무거운 문을 어떻게 들고 가겠어요? 게다가 다른 문도 아닌 주교좌성당 문에 감히 어떻게 욕심을 내겠어요? 그런데 단 한 사람 장 푸자두 Jean Pouzadoux라는 프랑스 조각가가 생소뵈르 주교좌성당 정문을 똑같이 베껴서 석고 복제품을 만드는 데 성공합니다. 문에 새겨진 조각뿐만 아니라 문설주와 상인방 그리고 아기 예수를 안고 있는 성모 마리아 상까지 만들어냈죠. 지금 그중 하나는 파리 건축 문화재 박물관에 전시돼 있고 또 다른 하나는 런던 빅토리아앤드앨버트 박물관에 전시돼 있습니다.

여기에 재미있는 이야기가 하나 전해집니다. 유럽 왕가의 할머니라고 일컬어지는 빅토리아 여왕은 예술을 무척 사랑했고 어떻게 하면 영국에 훌륭한 예술인을 양성할 수 있을지 고민했다고 해요. 그러던 차에 그녀는 생소뵈르 주교좌성당 정문을 보고 감탄을 금치 못했고 정문을 똑같이 베낀 복제품을 사들여 런던 빅토리아앤드앨버트 박물관에 항시 전시하게 한 겁니다. 미술을 공부하는 학생들이 직접 보고 배우라는 뜻에서 말이죠.

신비한 엑스우아즈 여인

긴 역사를 가진 주교좌성당인 만큼 무수히 많은 이야기가 전해지고 있습니다. 그중 아주 신비한 한 여인에 관한 이야기를 하려고 합니다. 1631년에 태어난 잔 페로Jeanne Perraud라는 여인은 몰락한 부르주아의 딸이며 엑스우아즈Aixoise입니다. 엑스우아즈는 엑상프로방스에서 오래 산 여성을 부르는 별칭입니다. 마치 파리에 사는 사람을 파리지엔이라고 부르는 것처럼요.

그녀는 어린 시절에 부모님을 잃고 허약한 몸으로 유년 시절을 보냈습니다. 힘든 순간마다 유일하게 위안을 받고 기댈 수 있는 곳은 가톨릭교회였죠. 그래서 수녀가 되고자 우르술라 수도회, 도미니칸 수도회 등 연속적으로 세 곳에서 수도 생활을 했지만 자신이 가야 할 길이 아니라는 것을 깨닫고 꿈을 접게 됩니다. 대신 평생 독신으로 지내면서 훌륭한 신자로 살 것을 결심하죠.

잔 페로는 작은 경당을 세우고 철저한 금욕생활을 했습니다. 남들과 다를 것 없는 신자였지만 마치 수도자처럼 하루하루를 살았던 거죠. 정해진 시간에 기도하고 성경을 매일 읽고 또 예수를 향한 사랑으로 결혼하지 않는 삶을 살았습니다. 1658년 그녀는 경당에서 아기 예수의 환시를 봤다고 주장합니다. 밤색 곱슬머리를 한 세 살가량의 아기가 십자가를 들고 있었다고 했는데 그 묘사가 너무나 구체적이었어요! 이 환시는 몇 달 동안 계속됐습니다. 하루는 예수

잔 페로의 환시 속 아기 예수의 밀랍 조각.

가 서른 살이 넘은 건장한 청년으로 나타나기도 했죠. 그녀의 체험
은 여기서 끝나지 않았어요. 자신이 성령과 자주 소통하며 예수와
똑같은 다섯 상처를 받았다고 말했죠. 예수의 다섯 상처는 그가 십
자가에 못 박혔을 때 양손과 양발 그리고 옆구리에 입은 상처를 말
합니다.

　엑상프로방스 사람들은 잔 페로를 굉장히 존경했습니다. 혼란스
러운 사회에 영광의 빛을 가져왔다며 칭송을 아끼지 않았죠. 그러
나 어릴 때부터 몸이 허약했던 잔은 1676년 마흔다섯 살의 나이로
일찍 세상을 마감하고 맙니다. 장례식장에는 엄청나게 많은 사람

들이 몰려들었다고 해요. 어떤 사람들은 살아 있는 성녀의 물건을 하나라도 얻고자 관 주변을 기웃거리기도 했죠. 화가들은 잔의 믿음을 여러 사람들에게 알리고 싶어서 환시에서 만난 아기 예수의 형상을 판화로 찍었고, 예술가들은 밀랍 인형을 만들었습니다. 그 효과는 엄청났나 봅니다. 무려 백 년 동안 잔의 이야기가 계속 이어졌으니까요.

이렇게 훌륭한 신앙인이 나타나면 사람들은 어떻게 하려고 할까요? 바로 성인으로 추대하려고 하죠. 지금도 그렇지만 성인이 되려면 정말로 훌륭한 신앙인이었는지 일생의 모든 순간을 조사해야 합니다. 하지만 교황청은 그녀를 성인 후보로도 인정하지 않았어요. 심지어 여러 번 거절했죠. 왜냐하면 잔에게 아주 심각한 문제가 발견됐거든요. 그녀는 오랫동안 정신 질환을 앓고 있었던 겁니다. 이 말은 곧 환시에서 본 아기 예수가 가짜라는 말로 이어지지 않겠습니까. 무엇보다 잔의 일생은 가톨릭교회의 가르침과도 일치하지 않았어요. 예수의 고난을 따라서 희생의 삶을 사는 건 좋지만 너무 혹독하게 수행했고 심지어 다른 사람에게도 강요했던 겁니다. 엑상프로방스 사람들은 실망하기보다 아쉬움이 더 컸던 것 같아요. 당시에 제작된 환시 속 아기 예수의 모습을 표현한 밀랍 인형은 지금도 생소뵈르 주교좌성당 한쪽에 전시돼 있습니다.

프로방스의 노란 상징

1789년 프랑스 혁명과 1910년 정교분리법 제정에 의해 프랑스 가톨릭교회의 모든 재산은 정부에 귀속됐습니다. 생소뵈르 주교 좌성당은 물론이고 바로 옆에 있는 부속 건물까지 정부 소유가 돼 버렸죠. 특히 엑상프로방스 가톨릭교회가 업무를 보던 교구청과 주교가 대대로 살았던 주교관은 박물관과 극장으로 탈바꿈했습니다. 다행히 주교좌성당은 종교적 상징성을 인정받아 지금까지 자유로이 사용하고 있죠. 또한 프랑스 정부에 의해 역사적 기념물 Monument historique로 지정돼 보호받고 있습니다. 가톨릭교회와 정부의 공동 관리인 셈입니다. 이 오묘한 관계 속에 생소뵈르 주교좌성당은 여전히 영롱한 노란빛을 내뿜으며 프로방스 지역의 대표적인 성당으로 자리 잡고 있습니다.

조선의 순교자를
기억하기 위한 장소

마리냔 성 로랑 앵베르 성당
Église Saint Laurent Imbert

프랑스 남부 지중해 연안에 있는 마리냔^{Marignane}은 옛날부터 가난한 사람들이 많이 살던 시골이었습니다. 지금은 공업 도시로 바뀌어 북아프리카와 여러 나라에서 온 외국인 노동자들이 머물고 있고, 마르세유-프로방스 공항이 생긴 후로는 공항에서 일하는 직원들도 거주하고 있죠. 서로 다른 문화와 환경에서 자란 사람들이 이 작은 마을에 옹기종기 모여 오묘한 분위기를 자아내고 있습니다.

그런데 여기에 한국 문화도 약간 섞여 있다면 믿으시겠어요? 한류 문화가 세상을 휩쓸기 전부터 마리냔 사람들은 한국을 항상 바라보고 있었고 마리냔 시청 주관으로 한국을 위한 행사도 여러 번 열었답니다. 이게 어떻게 된 일이냐고 당연히 물으시겠죠! 이 작은 마을 사람들이 우리나라에 대해서 잘 알고 있는 게 이상하다고 여길 겁니다. 이 궁금증을 해결하기 위해 마리냔에 있는 한 성당을 집중해서 보면 좋겠습니다. 바로 성 로랑 앵베르 성당입니다.

앞에서 성당 이름은 예수의 별칭이나 여러 성인들의 이름을 붙인다고 했잖아요. 그러니 이 성당이 성 로랑 앵베르라는 성인을 기억하면서 지었다는 걸 단박에 알 수 있겠죠. 이제 저와 함께 앵베르가 누구인지, 왜 이 성당을 중심으로 우리나라와 프랑스가 연결돼 있는지 한번 알아보도록 하겠습니다. 미리 살짝 말씀드리면 앵베르는 우리나라와 깊은 관계를 맺고 있는 중요한 인물입니다.

한 시골 소년의 소망

1796년 마리냔에서 태어난 로랑 앵베르Laurent-Joseph-Marius Imbert는 가난한 가정에서 자랐지만 공부에 대한 열정은 누구보다 강했습니다. 가톨릭 신자들이 기도할 때 사용하는 묵주를 직접 만들어 장터에 내다 팔며 학비를 충당하기도 했죠. 그런 그에게 한 가지 소망이 있었으니 가난한 사람들을 위해 헌신하며 사는 것이었습니다. 특별히 신부가 되고 싶었죠. 마침내 앵베르는 성년이 됐을 때 엑상프로방스 신학교에 입학했고 철학부터 차근차근 공부하기 시작했습니다. 그런데 앵베르는 신학교 생활에 적응하면서도 자꾸 시선을 바깥으로 향했어요. 사제가 되고 싶은 마음은 변함이 없었지만 어떤 사제가 돼야 할지 고민에 빠지기 시작한 겁니다.

이때 프랑스에서는 많은 사제들이 선교사가 돼 해외로 나가고 있었습니다. 특히 여러 수도회와 선교회를 통해 아시아에서 활동하는 선교 사제들의 이야기가 영웅담처럼 회자되곤 했죠. 물론 우리나라와 일본을 포함한 아시아의 국가 대부분은 그리스도교를 금지했기 때문에 선교사들을 반기지 않았습니다. 오히려 선교사라는 신분이 밝혀지면 본국으로 추방하거나 사형에 처하기까지 했죠.

그럼에도 불구하고 앵베르는 선교사가 되고 싶었습니다. 그래서 바로 엑상프로방스 신학교를 그만두고 파리에 있는 파리 외방전교회에 입회해 신학교 수업을 이어나갔어요. 파리 외방전교회, 익숙

〈선교사들의 출발〉, 샤를-루이 드 쿠베르탱, 1868년, 주님 공현 경당 소장.
이 그림에 묘사된 네 명의 신부는 모두 병인박해 때 순교해 1984년에 성인으로
시성됐다. 뒤돌아보고 있는 어린 소년은 샤를 쿠베르탱의 아들로 올림픽의 창시자인
피에르 드 쿠베르탱이다.

한 이름이죠? 앞에서 아시아 선교를 위해 설립된 매우 유서 깊은 프랑스 선교회라고 소개했죠. 1819년 앵베르는 파리 외방전교회 소속 신부로 사제 서품을 받습니다. 그리고 그의 고향인 남부 프랑스로 돌아가 첫 미사를 집전하고 언제 다시 돌아올지 모른다는 말을 남긴 채 첫 아시아 선교지인 싱가포르로 향했어요. 다행히 앵베르는 척박한 열대우림 환경에 잘 적응하면서 교육 사업에 전력을 다

했고 곧이어 중국 쓰촨 성으로 자리를 옮겨 선교사로서 활동을 이어갔습니다.

조선인, 프랑스인을 처음 만나다?

잠깐 그 당시 우리나라 상황은 어떠했는지 살펴볼까요? 18세기 조선에는 이미 가톨릭교회 공동체가 세워져 있었습니다. 전 세계에서 유일무이하게 선교사의 도움 없이 스스로 가톨릭 신앙을 받아들였죠. 새로운 가치관이 필요했던 조선 사람들은 서학이라는 이름으로 가톨릭을 쉽게 수용했던 겁니다. 물론 처음에는 서양에서 온 낯선 학문으로 여겼지만요. 그러나 학자들은 서학이 학문이 아니라 종교라는 걸 깨우치게 됩니다. 이때 그들에게 한 가지 문제가 발생해요. 바로 자신들을 이끌어줄 사제가 없다는 것이었죠. 그래서 조선 가톨릭교회 지도층은 바로 북경을 통해 교황청으로 두 차례 편지(1811년과 1825년)를 보냅니다. 우리나라에도 신자들이 있으니 자신들을 가엾이 여겨 신부님을 보내 달라고 요청했죠.

이 편지를 읽고 누구보다 큰 감동을 받은 사람은 당시 교황청 포교성성布教聖省● 장관 카펠라리Cappellari 추기경이었습니다. 그는 이후 온 힘을 다해 조선을 돕고자 노력했죠. 얼마나 많은 선교사들이 지원했을까요? 아무도 없었습니다. 선교사가 돼 목숨을 내놓는 건 결

● 가톨릭교회의 선교 활동 지원과 선교 지역을 관리하는 교황청의 부서로 지금은 '복음화부'로 명칭이 바뀌었다.

코 쉬운 일이 아니니까요. 그전인 1794년에 북경 교구 주교에 의해 파견된 중국인 주문모周文謨 신부가 최초로 조선 땅에 발을 디뎠지만 6년 만에 순교하고 말았어요. 교황청에서는 수도회나 선교회 한 곳이 조선 땅을 온전히 맡아 선교 활동을 해주기를 바랐습니다.

이런 와중에 1831년 카펠라리 추기경이 교황 그레고리오 16세로 선출되면서 조선에 선교사를 보내는 프로젝트가 급물살을 타게 됩니다. 마침 그때 방콕에서 선교사로 활동하던 한 사람이 조선으로 갈 것을 간절히 희망했습니다. 그의 이름은 바르텔미 브뤼기에르Barthélemy Bruguière 신부였죠. 파리 외방전교회 소속 사제였어요. 1831년 교황은 기쁜 마음으로 조선 가톨릭 공동체를 하나의 독립된 교구로 선포했고 파리 외방전교회에 조선을 맡겼습니다. 그리고 브뤼기에르 신부를 초대 조선 주교로 임명하죠.

그런데 이게 무슨 일일까요? 브뤼기에르 주교가 조선 입국을 코앞에 두고 중국 국경에서 질병으로 사망하고 맙니다. 그 소식을 들은 조선 신자들과 프랑스 선교사들은 얼마나 허망하고 슬펐을까요. 1836년 교황은 곧바로 브뤼기에르 주교의 후임으로 조선의 두 번째 주교를 임명하는데 바로 앵베르 신부였습니다. 그는 만주를 통해 압록강을 넘어 무사히 조선으로 잠입하는 데 성공하죠. 처음으로 조선 땅에 발을 들인 주교가 된 것입니다.

누구보다 조선인을 위해 살았던 프랑스인

앵베르 주교는 먼저 입국한 두 명의 프랑스 사제인 피에르 모방 신부와 자크 샤스탕 신부를 만나 함께 한양과 경기 일대를 중심으로 선교 활동을 전개해 나갔습니다. 매일 새벽 3시에 일어나 미사를 드리고 교리를 가르치고 또 세례를 베풀었죠. 그러나 당시는 박해 시대였기 때문에 며칠에 한 번씩 동네와 집을 바꿔가며 신자들을 만나야 했습니다. 포졸들이 나타나면 큰일이 나거든요. 그럼에도 얼마나 많은 사람들이 찾아왔는지 몇 년 사이에 수천 명이 새롭게 가톨릭 신자가 돼 신앙생활을 시작하게 됐습니다.

동시에 후임을 양성하는 일도 소홀히 하지 않았어요. 이미 모방 신부가 어린이 세 명을 신학생으로 선발해 마카오 신학교로 보냈고, 앵베르 주교는 지혜로운 청년들을 선발해 라틴어와 철학 등 서양 학문을 가르쳤죠. 아쉽게도 그가 계획했던 후학 양성은 이뤄지지 못했지만 모방 신부가 마카오에 보낸 어린이들은 훗날 사제가 돼 조선으로 귀국했습니다. 그들은 여러분도 아시다시피 우리나라 최초의 사제 김대건 안드레아 신부와 두 번째 사제 최양업 토마스 신부입니다. 다른 한 사람 최방제 프란치스코는 유학 도중 열병에 걸려 세상을 뜨고 말았습니다.

하지만 프랑스 선교사들의 온갖 노력에도 불구하고 조선인 한 명의 배교로 수많은 신자들이 체포되고 맙니다. 앵베르 주교는 신자들이 고통받는 게 너무나 힘겨웠습니다. 그리고 포졸들이 프랑스 선교사들을 눈에 불을 켜고 찾아다닌다는 것도 알고 있었습니다. 결국 앵베르 주교는 조선 신자들을 보호하기 위해 자수하고 말죠. 그는 수차례의 심문과 고문 끝에 사형 선고를 받았고 1839년 모방 신부, 샤스탕 신부와 함께 서울 한강변 새남터에서 순교했습니다. 이렇게 조선 정부는 프랑스 사람, 조선 사람 구분 없이 가톨릭과 연관됐다면 모조리 잡아들여 고통스럽게 죽였어요. 박해 시대 동안 순교한 사람만 3만 명이 넘었죠. 전해지는 바에 의하면, 사형당한 신자들의 피로 한강 물이 빨갛게 물들었다고 합니다.

프랑스 본국에서는 조선에서 순교한 사람들의 넋을 위로하고자 많은 노력을 기울였습니다. 성당 종을 여러 번 울렸고 사제들은 기도로써, 프랑스 신자들은 물질로써 조선 사람들을 돕고자 했죠. 그 중 〈아베 마리아〉라는 노래로 유명한 작곡가 샤를 구노는 평소 파리 외방전교회와 자주 교류하며 지냈는데 머나먼 땅 조선에서 순교한 선교사들의 이야기를 듣고 가슴이 벅차올랐다고 해요. 자신도 선교사가 되려고 했을 정도였으니까요. 그래서 그는 조선 순교자들을 위해 노래를 한 곡 만들어 헌정했는데 훗날 여기에 가사를 붙여 〈무궁무진세에〉라는 제목의 가톨릭 성가로 지금까지 불리고 있습니다. 총 6절의 가사 중 2절과 후렴을 소개할게요.

2절 앵베르 범 주교는 무수한 고난 중에 이 지방에 전도 삼 년 전하시다가 양을 위하여 목숨 바쳤도다. 좋으신 목자여 주의 충신이시여 엎디어 비노니 은혜를 내리우사 천상에 보호하소서. 후렴 성인이여 용맹한 성인이여 우리에게 용덕을 주소서. 찬류 세상 영 이별한 후에는 영복소에 만나게 하소서. 영복소에 만나게 하소서.

파격적인 순간, 함께 모인 두 나라

프랑스 마리냔에 있는 앵베르 주교의 가족들에겐 그의 순교 사실이 전해졌겠지만 정작 마리냔이 속한 엑상프로방스 대교구에선 그를 지속적으로 기억하기 위한 노력이 이어지지 못했습니다. 앵베르는 엑상프로방스 대교구 소속이 아니라 파리 외방전교회 소속이었고 프랑스가 아니라 한국에서 순교했기 때문이죠. 반면에 한국에서는 적극적으로 순교자들의 기록을 모아 정리하기 시작했고 이 노력은 큰 결실을 맺게 됩니다. 바로 교황청에서 앵베르 주교를 성인으로 추대하기로 결정한 것이죠.

1984년 성 요한 바오로 2세 교황은 서울을 방문해 103명의 순교자를 성인으로 선포합니다. 여기엔 앵베르 주교를 포함한 열 명의 프랑스 선교사들도 포함돼 있었죠. 사실 서울에서 성인을 선포하기까지 우여곡절이 많았습니다. 원래 성인 선포는 바티칸에서만 이뤄져야 하거든요. 그런데 성 요한 바오로 2세 교황은 한국 가톨릭의 특별한 역사를 무척 잘 알고 있었고 누구보다 애정을 갖고 있었어요. 그래서 파격적인 결정을 내린 겁니다. 이는 지금까지도 처음이자 마지막으로 바티칸을 벗어나 가장 많은 수의 성인 선포가 이뤄진 것으로 기록되고 있습니다.

이 소식을 들은 엑상프로방스 대교구에서도 대규모 순례단을 꾸려 이 선포식에 참석했습니다. 당시 한국은 세계적으로 알려진 나라가 아니었고 서울이 어디에 있는지도 모르는 사람이 많았지만, 오직 앵베르 주교를 기념하고 싶은 일념으로 먼 길을 달려온 것이죠. 순례단의 한 사람으로 참석한 앙드레^{André Heckenroth} 신부는 그때를 이렇게 회상합니다.

그날은 엄청난 날이었어요. 수백만의 사람들이 한자리에 모여 있었는데 지금까지도 그 순간을 떠올리면 소름이 돋습니다. 얼마나 영광스러운 순간입니까? 과거 프랑스 신부들이 한국 신자들을 위해 온 삶을 바쳤다면 지금 한국 신자들은 프랑스 선교사를 잊지 않기 위해 온 삶을 바쳐 노력해왔습니다. 우리는 그때 큰 우정을 확인한 것입니다.

평생 기억하기 위한 프랑스인들의 노력

늦었을 때가 가장 빠른 시기라고 했던가요. 앵베르 주교가 성인으로 추대된 이후 엑상프로방스 대교구에선 그를 기억하기 위한 여러 프로젝트를 재빠르게 진행합니다. 오랜 시간 기억하지 못한 미안함을 듬뿍 담기도 했을 겁니다.

먼저 앵베르 주교의 이름부터 가톨릭 미사 안에 넣었습니다. 매년 9월 20일은 전 세계 가톨릭교회가 한국 순교자들을 기념하는 날입니다. 교황청에서 정한 공식 명칭은 '성 김대건 안드레아와 성 정하상 바오로와 동료 순교자 기념일'이죠. 그런데 엑상프로방스 대교구는 명칭을 조금 바꿨습니다. 지역 교회가 특별한 이유로 교황청에 요청할 경우 명칭을 변경하거나 기념일을 다른 날로 변경할 수 있거든요. 예를 들어 우리나라는 9월 20일에 기념일을 지내지 않고 그날과 가장 가까운 주일을 대축일로 격상시켜 많은 사람들이 참석할 수 있는 큰 축제로 하루를 보냅니다. 엑상프로방스 대교구는 '성 앵베르 주교와 동료 순교자'라고 변경했습니다. 이렇게 하면 미사 때 교구 내 신부님들이 의무적으로 성 앵베르와 동료 순교자가 누구인지 신자들에게 설명해야 합니다.

그리고 앵베르 주교가 태어난 곳, 자란 곳, 첫 미사를 드린 곳에 기념 현판을 걸었습니다. 한국 가톨릭교회, 파리 외방전교회와 협력해 여러 자료를 검토하고 구전으로 전해 내려오는 동네 주민들의

◀◀ 성 로랑 앵베르 주교의 공식 초상화.

▲▶ 엑상프로방스 신학교에 걸려 있는 성 로랑 앵베르 주교의 목조 조각.

▼◀ 칼라 성당 앞에 세워진 성 로랑 앵베르 동상.

▼▶ 성 로랑 앵베르 동상 제막식에 참석한 김수환 추기경.

이야기를 전해 듣고 찾아낸 것이죠. 태어난 곳엔 이미 다른 사람들이 살고 있어서 현판 이상의 다른 일을 진행하기는 어려웠지만 앵베르 주교가 자란 카브리에-칼라 성당에는 그의 초상화를 크게 내걸었습니다. 게다가 성당 앞 도로변에 동상을 세워 이 마을을 지나가는 누구라도 앵베르 주교가 어떤 분인지 알게끔 했습니다. 이 동상은 김수환 추기경이 살아생전 직접 방문해 제막식과 축복식을 거행했죠.

이에 그치지 않고 엑상프로방스 대교구는 앵베르 주교를 위한 성당을 짓기로 결정합니다. 파격적이고 특별한 결정이었어요. 왜냐하면 한국에서 순교한 다른 프랑스 선교사들의 출신 지역에선 성당을 새로 세우지 않았거든요. 마침내 성 로랑 앵베르 성당은 1995년에 완공돼 축성식이 거행됐습니다. 앵베르 주교의 성스러운 삶을 영원히 기억하고 또 널리 알리자는 의미에서 작은 종을 만들어 배포하기도 했어요.

다만 한 가지 아쉬운 점이 있어요. 당시 엑상프로방스에 한국 문화를 잘 아는 사람이 없었던 모양인지 성당 곳곳에 프랑스 사람들에게 익숙한 베트남 문화를 새겨놓았지 뭐예요. 앵베르 주교 곁에 베트남 전통 복장을 한 사람을 그려 넣었고 제단화엔 하롱베이 풍경이 그려졌지요. 지금도 이 성당에 머물고 있는 프랑스 신부님과 신자들은 이 점이 가장 안타깝다고 애석해합니다.

▲ 성 로랑 앵베르 성당의 안뜰 ©OT Marignane Sandrine Massel

▼ 성 로랑 앵베르 성당의 내부.

두 나라를 이어주는 장소

성 로랑 앵베르 성당은 지금까지도 한국과 프랑스를 이어주는 구심점 역할을 톡톡히 하고 있습니다. 프랑스인들 스스로 성 앵베르 기념사업회를 설립해 매년 행사를 열고 순례단을 구성해 비정규적으로 한국을 방문하고 있습니다. 우리나라도 다양한 방법으로 우정을 나누고 있습니다. 프랑스에 신부님이 부족한 상황을 고려해 한국 신부님과 신학생이 성 로랑 앵베르 성당에 오랜 시간 머물기도 했고, 2019년 가을에는 약 40여 명의 한국 순례단이 성 앵베르

성 로랑 앵베르 주교의 석상. ⓒOT Marignane Sandrine Massel

주교의 순교 180주년을 기념하는 행사에 참석하기도 했습니다.

한국 외교부에서는 한국과 프랑스의 역사적 첫 만남을 프랑스 선교사의 조선 입국으로 소개하고 있습니다. 1886년 조불통상조약으로 두 나라가 외교 관계를 맺었지만 그보다 훨씬 이전부터 깊은 관계가 있었다는 거죠. 그것은 바로 프랑스 가톨릭 선교사들이 조선에 입국하면서 우리나라 사람들을 만난 사실을 말합니다. 그렇다면 우리나라에 주교로서 처음 입국한 성 로랑 앵베르는 그 역사의 한가운데에 있는 중요한 인물임에 틀림없습니다. 그리고 그를 기념하는 성당은 두 나라 관계의 시작을 상징한다고 해도 과언이 아닐 것입니다.

마르세유의 좋은 어머니

마르세유 노트르담 드 라 가르드 대성전
Basilique Notre-Dame-de-la-Garde

프랑스에서 두 번째로 큰 도시가 어디일까요? 파리에서 남쪽으로 750킬로미터 떨어져 있는 도시! 파리에서 시외버스를 타고 아홉 시간 동안 달려야 나오는 그곳! 바로 마르세유입니다. 프랑스어로는 '막세이'라는 발음에 가까워요. 아름다운 지중해에 접해 있어서 휴양 도시로 유명하고 또 오래전부터 무역으로 번성한 바닷가 도시입니다. 우리나라로 치면 부산과 같은 도시라고 말할 수 있죠.

그래서 매일 아침 마르세유의 바닷가엔 다양한 모습이 펼쳐집니다. 어부들은 새벽부터 잡은 싱싱한 물고기를 팔고, 다른 한쪽에선 해외로 수출할 화물들이 큰 배에 실립니다. 바로 옆에선 지중해를 가로질러 크루즈 여행을 떠나는 관광객들의 모습도 찾아볼 수 있죠. 더불어 지중해성 기후의 영향으로 봄부터 더위가 시작되기 때문에 아름다운 해변에선 물놀이하는 사람들도 쉽게 만날 수 있습니다. 문화도 다양합니다. 북아프리카에서 넘어온 사람들, 세대를 거쳐 여기에 정착한 베트남과 중국 사람 등 다양한 인종과 전통이 공존하는 신비로운 도시입니다.

이런 팔색조 같은 도시에서 살아가는 사람들은 언제나 한 장소를 바라봅니다. 마르세유에서 가장 높은 곳에 지어진 성당, '노트르담 드 라 가르드 대성전' 말이죠. 어디서든 볼 수 있고 언제든 갈 수 있는 곳입니다. 걸어 올라갈 수도 있지만 주로 부둣가에서 코끼리 기차를 타고 성당 꼭대기까지 올라간답니다! 살짝 저만의 팁을 알려드릴까요? 코끼리 기차에서 꼭 오른쪽에 앉아야 성당까지 올라

마르세유 항구에서 바라보이는 노트르담 드 라 가르드 대성전의 모습.

가는 내내 아름다운 지중해를 마주 볼 수 있어요. 마침내 언덕 위에 올라 성당 앞마당에 서면 마르세유가 훤히 펼쳐지는데 시내는 물론이고 저 멀리 지중해의 수평선부터 시 외곽까지 한눈에 내려다보입니다. 하늘과 땅 사이에 딱 성당과 나 자신만 서 있는 느낌이 들죠. 이렇게 되면 노트르담 드 라 가르드 대성전이 마르세유의 지상과 하늘을 이어주는 중심점 역할을 하고 있다고 볼 수 있을 것 같습니다. 막세이예(마르세유 사람)들도 제 말에 동의할지 모릅니다. 정말로 마르세유의 상징은 곧 노트르담 드 라 가르드 대성전이니까요.

8백 년 역사의 시작

"또 노르트담 성당이야?"라고 식상해하는 분도 있을 것 같습니다. 그도 그럴 것이 노트르담 드 파리, 노트르담 드 라 그라스, 노트르담 데스페랑스, 노트르담… 노트르담… 정말로 셀 수 없을 만큼 노트르담이라는 이름이 많죠. 유명한 도시뿐만 아니라 어딘지 모를 시골까지 온갖 성당 이름에 노트르담을 붙여놓았습니다! 중세 시대에 고딕 양식이 유행하면서 노트르담이라는 성모 마리아의 호칭도 함께 유행한 듯합니다. 그 당시에 지어진 고딕 성당은 대부분 노트르담이라는 이름을 갖고 있거든요. 마치 김연아 선수가 피겨 붐을 일으키고 동시에 독실한 가톨릭 신자로 알려지면서 그녀의 세례명인 스텔라가 한동안 유행했던 것과 같습니다. 요즘은 유명 걸 그룹 에스파의 카리나라는 예명이 자신의 세례명인 카타리나에서 따온 거라고 해서 그 이름이 유행하고 있죠. 참 재밌지 않나요?

아무튼 제가 지금 소개하는 마르세유에 있는 노트르담 드 라 가르드 대성전도 그 유행을 따른 게 분명합니다. 1214년 중세 시대에 처음 지어졌기 때문이죠. 마르세유의 한 신부님이 라 가르드라고 불린 언덕에 성모 마리아를 위한 작은 성당을 지으면서 역사가 시작됐습니다.

'라 가르드'라는 프랑스 말은 보호, 돌봄을 뜻하는 명사입니다. 지금처럼 대도시로 변화하기 전에 마르세유는 외적 침입에 아주 취약한 곳이었어요. 아무래도 바닷가 도시이기 때문에 외부인에게 쉽게 노출될 수밖에 없었을 겁니다. 특히 지중해 연안에는 아라비아 반도와 북아프리카에서 바다를 건너 침략해 오는 이슬람 세력이 많았죠. 언제 위협을 가해 올지 모르는 상황에서 사람들은 늘 바다와 평지를 바라보며 감시해야 했습니다. 지금도 그렇듯이 감시하기 위해선 가장 높은 곳에 망루를 세워 보초를 서야 했죠. 마르세유에선 바로 라 가르드 언덕이 이 역할을 했습니다.

그런데 왜 마르세유의 신부님은 여기에 성당을 세웠을까요? 그동안은 무력으로만 도시를 보호하려 했지만 이제는 영적인 힘까지 더해서 마르세유 사람들을 지켰으면 하는 바람을 담은 것입니다. 특히 예수의 어머니인 성모 마리아께 큰 도움을 요청하고 어머니의

1575년의 마르세유 지도.

따뜻한 품처럼 사람들을 지켜주기를 바랐죠.

그럼에도 불구하고 외적의 침입은 더 빈번해졌습니다. 이슬람 세력뿐만 아니라 가까운 주변 나라에서도 침략해 왔죠. 당시 독일 지역에 강성했던 신성로마제국은 지금의 스위스 지역뿐만 아니라 이탈리아 북부까지 진출해 있었습니다. 프랑스 왕국과 국경을 직접 맞대고 있었던 거죠. 특히 마르세유는 알프스 산맥의 끝자락에서 가깝기 때문에 다른 지역에 비해 평탄한 지형을 이루고 있습니다. 그래서 주변 국가들이 육로를 통해서도 손쉽게 침략할 수 있었어요. 바다를 통해서는 이슬람 세력이, 육지에서는 신성로마제국이!

사방팔방으로 공격에 노출된 마르세유 시민들은 얼마나 불안했을까요.

실제로 정복 전쟁에 사활을 걸었던 신성로마제국의 카를 5세 황제는 마르세유를 포위하기까지 했습니다. 결사 항전으로 버틴 프랑스 군대와 마르세유 시민들 덕분에 신성로마제국의 영토가 되지는 않았지만 이 사건은 프랑스인들에게 매우 큰 충격으로 다가왔습니다. 전쟁이 끝난 직후 프랑스 왕 프랑수아 1세는 마르세유를 요새화하는 데 전력을 다합니다. 그는 마르세유 항구에서 가장 가까운 이프 섬île d'If과 원래 망루로 사용했던 라 가르드 언덕에 있는 성당을 중심으로 요새를 만들었습니다.

바다 사람들의 등대 같은 성당

군인들이 밤낮없이 요새를 지키고 있으니 마르세유에서 가장 안전한 장소는 바로 노트르담 드 라 가르드 대성전이 돼버렸습니다. 이프 섬에 지어진 요새는 아무래도 지중해 한가운데에 있기 때문에 시민들이 쉽게 드나들지 못했을 겁니다. 자연스럽게 마르세유 사람들은 라 가르드 언덕에 올라 성당에서 불안한 마음을 위로받았습니다. 성당에 있으면 누가 침범해 올까 걱정할 필요가 없고 기도하면서 마음의 안정도 취할 수 있으니까요. 16세기 말부터 항

노트르담 드 라 가르드 대성전의 내부 전경. 배 조각과 장식이 눈에 띈다.

해를 나가는 사람들이 의무적으로 노트르담 드 라 가르드 대성전에 와서 기도하기 시작했습니다. 날씨가 좋은 날의 바다는 매우 아름답지만 폭풍우가 휘몰아치는 바다에서는 목숨을 내놓을 수밖에 없었습니다. 오직 바람과 노의 힘으로만 배를 움직여야 하기에 자연에서 오는 어려움은 인간이 감히 뛰어넘기 힘들죠. 또 사랑하는 사람을 바다로 보낸 가족들의 마음은 감히 상상하지도 못하겠네요. 그저 무사히 집으로 돌아오길 기도하고 또 기도할 수밖에 없었을 겁니다.

항해자들은 임무를 마치고 집으로 돌아올 때, 저 멀리 보이는 노트르담 드 라 가르드 대성전을 보고 어디로 가야 할지 방향을 잡았습니다. "아, 이제 집에 왔구나!" 그들에게 이 성당은 어디로 가야 할지 알려주는 등대이자 마음을 안정시킬 수 있는 거룩한 성지였어요. 항해를 마치고 가족들과 재회한 사람들은 곧바로 라 가르드 언덕을 올랐습니다. 무사히 돌아온 것에 대한 고마움을 표하고 안타깝게 돌아오지 못한 동료의 넋을 기억하면서 성당에서 기도하기 위해서였죠. 어떤 사람들은 물질로 마음을 표현하기도 했습니다. 헌금을 많이 하거나 가장 소중한 물건을 바치는 등 다양한 방법으로 드러냈죠. 자신의 배를 목각 인형으로 만들거나 그림으로 그려서 성당 내부에 거는 사람도 등장했습니다. 그런데 이를 본 사람들이 생각해보니 이 방법이 더 효율적인 것 같은 거예요. 굳이 돈다발이나 무거운 금붙이를 들고 높은 언덕을 오를 필요가 없거든요. 사람들은 성당 천장에 줄을 하나씩 매달아놓고 무사히 돌아올 때마다 자신이 탔던 배를 목각 인형으로 만들어 내걸었습니다. 그림도 벽에 많이 걸었죠.

종교를 뛰어넘어 마르세유의 상징으로

19세기부터 마르세유 항구의 역할이 중요해졌습니다. 운송 수단의 발달로 사람들은 더 빨리 이동할 수 있었고 무엇보다 영국이 이집트에 수에즈 운하를 만들기로 결정하면서 앞으로 활발해질 해상 활동에 온 이목이 쏠렸습니다. 이미 마르세유 항구는 지중해 무역의 중심 도시였지만 더 커질 수밖에 없는 운명에 맞닥뜨린 겁니다. 마르세유 인구도 늘어나기 시작했습니다. 이 말은 곧 무엇을 의미할까요? 마르세유 사람들이 언제나 의지했던 노트르담 드 라 가르드 대성전에도 엄청나게 많은 사람들이 방문한다는 말이겠죠. 무사히 집으로 돌아오고 싶은 뱃사람과 그 가족들의 마음은 국적을 불문하고 똑같을 테니까요.

기존의 성당으로는 찾아오는 사람들을 더 이상 수용할 수 없게 됐습니다. 더 큰 성당을 지어야 했죠. 그러나 한 가지 문제점이 있었는데 노트르담 드 라 가르드 대성전이 위치한 언덕엔 군사 시설도 함께 있다는 것이었습니다. 성당 관계자와 국방부 그리고 군 장교들과 벌인 토론 끝에 군사 시설을 철거하지 않고 대폭 줄이는 방안이 결정됐습니다. 그리고 마침내 1853년 당시 마르세유 교구장인 외젠 드 마제노Eugène de Mazenod 주교가 첫 삽을 뜨면서 재건축이 시작됐죠. 건축은 앙리-자크 에스페랑디외Henri-Jacques Espérandieu가 설계했습니다. 그는 특이하게도 가톨릭 신자가 아니라 독실한 개신교 신자였어요. 그러나 누구보다 마르세유를 사랑한 막세이예였기 때문에 이 프로젝트를 맡을 수 있었죠.

생각보다 어려운 공사였습니다. 언덕 꼭대기에 대형 성당을 지어야 했으니 기초 공사가 꽤 중요했을 겁니다. 또 예상보다 많은 예산이 지출되면서 공사가 중단되기도 했죠. 신자들의 헌금과 마르세유 시의 재정적 도움으로 1864년에 미완성된 종탑을 내버려둔

1910년 당시의 대성전 모습을 담은 엽서.

채 성당 축성식을 합니다. 뭐, 미사를 드릴 수 있는 내부는 완벽하게 완성했으니 일단 사용부터 하려고 했던 거죠. 성당은 매우 아름다웠어요. 삐쭉삐쭉 하늘로 높이 치솟게 만들었던 여느 프랑스 성당들과는 사뭇 다른 모습이었죠. 이탈리아 피렌체의 두오모 성당을 참고해 프로방스에서 채굴한 하얀 석회암과 피렌체에서 사 온 초록색 돌을 번갈아 쌓았습니다. 그 후로도 공사는 계속돼 마침내 종탑도 완성했죠. 그리고 1870년 황금을 씌운 '성모 마리아와 아기 예수' 상도 세웠습니다. 무려 10톤이나 되는 거대한 동상이었어요.

아시아를 가려면 마르세유를 통해서!

노트르담 드 라 가르드 대성전은 우리나라와 간접적으로 관계가 있습니다. 프랑스에서 아시아로 향하는 모든 배는 마르세유 항구에서 출발했기 때문이죠. 특히 조선으로 파견된 프랑스 외교관을 포함해 아시아 선교를 위해 세워진 파리 외방전교회 신부들도 모두 마르세유 항구를 통해 떠났습니다. 수개월에 걸쳐 낯선 곳으로 향하는 첫걸음이 바로 마르세유에서 시작된 겁니다. 수백 년 동안 그래왔던 것처럼 사람들은 노트르담 드 라 가르드 대성전에서 두려움을 내려놓고 길을 떠났을 겁니다.

사실 이건 아주 먼 과거의 일만은 아니에요. 1960년까지도 아시

완성된 종탑과 금빛의 '성모 마리아와 아기 예수' 상.

아로 가기 위해선 마르세유 항구를 이용해야 했거든요. 유명 텔레비전 프로그램에서 소개한 프랑스 선교사 두봉 주교도 1954년 꼬박 두 달 동안 배를 타고 인천항에 도착했다고 말했죠. 최근 파리 외방전교회에서는 노트르담 드 라 가르드 대성전이 프랑스를 떠나는 선교사들에게 영적인 어머니 역할을 해준 것에 대해 감사의 표식을 남겼습니다.

마르세유 항구를 떠나 그들이 태어난 땅을 마지막으로 바라보고 그들의 마지막 기도가 노트르담 드 라 가르드 대성전으로 향했던 천2백 명의 선교사들에게 감사를 표하며, 선교사들의 사명을 위해 그들을 지켜주셔서 고맙습니다.
— 2021. 10. 17, 선교사들을 보호하고 사명을 무사히 수행할 수 있게 해준 것에 감사하며

마르세유 사람들은 노트르담 드 라 가르드 대성전을 '마르세유 사람들의 좋은 어머니*Bonne mère des marseillaises*'라고 부릅니다. 아마도 수백 년 동안 여러 아픔과 절망으로부터 사람들을 지켜주고 언제나 똑같은 자리에서 모든 사람들을 품어줬기 때문이지 않을까요?

다빈치 코드의 시작점

생트 마리 드 라 메르 성당
Église des Saintes-Maries-de-la-Mer

예수는 사실 그리스도가 아니다. 그는 마리아 막달레나와 결혼했고 두 사람 사이에 아이도 있었다. 아이의 이름은 사라였다. 그리고 그녀는 프랑스 왕조와 결합해 프랑스의 근간이 됐다. 시온 수도회는 마리아 막달레나의 유골과 후손들을 수세기에 걸쳐 보호했다. 이에 맞서 오푸스 데이라는 단체는 교회를 수호하고 반교회적인 단체를 척살하는 임무를 가졌다. 예수의 후손은 지금도 비밀리에 살아 있다.

한 번쯤 들어본 내용이죠? 약 20년 전에 댄 브라운이 쓴 『다빈치 코드』라는 추리소설의 주된 내용을 제가 한번 요약해봤습니다. 파리 루브르 박물관에서 살인 사건이 벌어졌는데 그곳에 남겨진 암호를 기호학자인 주인공이 하나씩 해독하면서 이야기가 시작되죠. 이 소설은 발간과 동시에 세상을 시끌벅적하게 만들었습니다. 아니, 세상을 뒤집어지게 했죠. 어떤 그리스도교 신자들은 자신이 가진 신앙에 물음표를 달기 시작했고 또 어떤 그리스도교 신자들은 소설 불매 운동을 펼쳤습니다. 이뿐만이 아니에요. 그리스도교의 여러 교파에서는 공식 성명서를 내고 그리스도교에 대한 공격을 그만두라며 작가에게 불쾌감을 드러냈습니다. 교황청은 "아주 황당하고 저속한 왜곡 소설"이라고 말하기까지 했죠. 이만하면 『다빈치 코드』가 얼마나 큰 화젯거리였는지 감이 오실 겁니다. 확실한 건 댄 브라운이 성공했다는 사실입니다. 『다빈치 코드』가 베스

트셀러가 되면서 영화로도 만들어졌고 단박에 스타 작가로 등극했으니까요.

그런데 정작 소설의 배경이 된 프랑스 남부 프로방스 지역에서는 관심 밖의 일이었습니다. 특히 생트 마리 드 라 메르 지역에서는 "『다빈치 코드』? 그게 뭐 어째서? 일개 소설이잖아"라며 콧방귀 뀌면서 대수롭지 않게 넘겼죠. 오히려 동네 사람들은 소설 덕분에 많은 관광객들이 우리 동네를 방문할지 모른다는 기대감을 내비쳤어요. 생트 마리 드 라 메르 지역은 옛날부터 순례와 관광으로 돈을 벌고 생계를 이어간 곳이거든요.

동네 사람들의 예상은 적중했습니다. 『다빈치 코드』가 유명해질수록 이 지역에 찾아오는 사람들이 늘어났죠. 소설 속 내용이 진짜인지 아닌지 확인하고 싶었을 거예요. 그런데 사람들은 생트 마리 드 라 메르 성당을 방문하고 나서 깜짝 놀랐습니다. 작은 시골 마을이 왜 순례지가 됐는지 궁금하던 참에 『다빈치 코드』의 내용이 순전히 거짓만은 아니라는 걸 알게 됐거든요.

전통이 살아 숨 쉬는 프로방스

보통 남프랑스라고 하면 지중해 연안 프로방스 지역 La Provence을 가리킵니다. 우리나라로 치면 영남 지방, 호남 지방이라고 부르는

반 고흐, 〈생트 마리 드 라 메르〉, 1888년 6월, 크뢸러 뮐러 미술관, 오테를로.

것과 같은 거죠. 프로방스 지역은 역사와 전통이 살아 숨 쉬는 곳입니다. 그래서 유명하지 않은 도시가 없어요. 북쪽으로는 갑Gap, 몽텔리마르Montelimar가 있고 남쪽엔 엑상프로방스, 마르세유, 툴롱Toulon이 있습니다. 또 동쪽으로는 니스, 앙티브, 서쪽으로는 아를이 있죠. 그리고 오늘 제가 소개하고 있는 마을인 생트 마리 드 라 메르가 아를 바로 아래 지중해 연안에 위치해 있습니다. 문화적 자부심이 아주 강한 프로방스 사람들은 자신들이 보존하고 있는 전통 중 한 가지를 가장 중요하게 여겼어요. 바로 생트 마리 드 라 메르에서 시작한 '프로방스 교회 전승'입니다.

신약성경을 잇는 프로방스 교회 전승

도대체 무슨 내용이 담겨 있을까요? 아주 흥미롭습니다. 예수가 사형을 당하고 사흘 만에 부활한 것과 지상에서 40일간 머물다 하늘로 승천한 것은 우리 모두 알고 있습니다. 신약성경의 네 복음서를 통해 전해지고 있죠. 그런데 그다음 이야기가 바로 프로방스 교회 전승에서 나옵니다. 예수의 제자들은 그가 남긴 마지막 말을 실천하기 위해 예루살렘 성 바깥으로 나섰습니다. 자신이 배우고 익힌 가르침을 세상 모든 사람들에게 전하기 위해서였죠. 그런데 당시는 로마 시대였어요. 로마제국은 신흥 종교인 그리스도교가 널리 전파되는 것을 원치 않았습니다. 혹세무민한다고 생각한 거죠. 그래서 로마제국은 예수를 그리스도로 믿으며 그의 가르침을 전하는 사람들을 죽이기 시작했습니다. 더러는 당당히 죽음으로써 예수의 가르침을 증명하고자 했고 또 일부는 예루살렘 땅을 탈출해 다른 지역에서 그리스도교를 전하려고 했습니다.

그중 배를 타고 지중해를 건너간 사람들도 있었어요. 대표적으로 마리아 살로메$^{Marie Salomé}$와 마리아 자코베$^{Marie Jacobé}$입니다. 마리아 살로메는 제베대오의 아내로 사도 야고보와 사도 요한의 어머니로 전해집니다. 마리아 자코베는 알패오의 아내로 또 다른 사도 야고보의 어머니로 알려져 있죠. 참고로 열두 사도 중 야고보는 동명이인으로 제베대오의 아들 야고보를 큰 야고보, 알패오의 아들 야고보를 작은 야고보로 부릅니다. 여하튼 사도들의 어머니, 두 마리아는 예수를 따르고 시중을 들며 그의 죽음을 끝까지 지켜본 인물로 성경에 기록돼 있습니다. 두 마리아 곁에서 예수의 죽음을 지켜본 다른 마리아도 탈출 여정에 함께했습니다. 그녀의 이름은 마리아 막달레나! 우리에게 너무 친숙한 이름이죠.

과연 이 세 사람만 예루살렘을 탈출했을까요? 아닙니다. 그 밖에도 꽤 많은 사람들이 한 배에 올라타 예루살렘을 떠났어요. 프로방스 교회 전승에 의해 알려진 이름들은 다음과 같습니다. 마리아 자코베의 하녀인 사라, 그리고 베타니아의 세 남매, 즉 예수가 죽음에서 살려낸 라자로와 그의 여동생들인 마르타와 마리아, 마지막으로 열두 사도는 아니지만 예수가 따로 지명했던 72명의 제자 중한 사람인 막시미노가 함께했습니다.

물론 이 여정은 순탄치 않았습니다. 어느 누구도 전문 뱃사람이 아니었기 때문에 방향을 찾을 수 없었고 당시 항해 기술로는 지중해 한가운데를 가로질러 갈 수도 없었죠. 예루살렘을 떠나긴 했지만 결국 지중해 해안선을 따라 물이 흐르는 대로 갈 수밖에 없었습니다. 박해를 피해 어딘가로 가야 하는 운명이 얼마나 야속했을까요. 그들은 해류에 떠밀려 간신히 한 해변에 도착했습니다. 큰 강과 바다가 만나 비옥한 땅을 이룬 곳, 바로 생트 마리 드 라 메르였습니다. 이 지명은 '바다의 거룩한 마리아들'이라는 뜻을 담고 있습니다. 아마도 일행 가운데 많은 사람이 마리아라는 이름을 썼기 때문일 겁니다.

그들은 어떻게 살았을까?

무사히 새로운 땅에 발을 딛은 마리아 살로메와 마리아 자코베 그리고 그녀들의 시중을 들었던 사라는 생트 마리 드 라 메르에 정착했고 예수의 가르침을 실천하며 살다 세상을 떠났습니다. 현재 이 세 사람의 유해는 생트 마리 드 라 메르 성당 안에 안치돼 있어요. 특별히 사라의 유해는 누구나 볼 수 있도록 지하 경당에 따로

▲ 생트 마리 드 라 메르 성당 외관.

▼ 생트 마리 드 라 메르 성당 내부.

▲ 생트 마리 드 라 메르 성당에 안치된 마리아 살로메와 마리아 자코베의 무덤.

▼ 지하 경당에 따로 안치된 사라의 무덤.

모셨습니다. 사라를 수호성인으로 추앙하고 있는 집시들을 배려한 거죠. 아마도 사라가 북아프리카 출신으로 검은 피부를 가졌고 그녀 역시 예수를 따른 사람이었기 때문에 집시들의 신앙 모델이 된 것으로 보입니다.

다른 사람들은 어떻게 살았을까요? 라자로는 동쪽으로 가서 그리스도교 공동체를 세웠고 마르세유의 초대 주교가 됐습니다. 마르타는 북쪽으로 가서 타라스크[Tarasque] 괴물을 무찌르고 마을 사람들을 구했는데 이때부터 이 마을의 이름을 타라스콩[Tarascon]이라고 부르고 있죠. 막시미노는 엑상프로방스에 도착해 예수의 가르침을 전하고 초대 주교로 자리를 잡았습니다. 마지막으로 마리아 막달레나는 이 모든 활동을 지켜보며 돕다가 깊은 산속의 동굴에서 평생 수도 생활을 했습니다.

그렇다면 무엇이 진실인가?

프로방스 교회 전승은 지역 정체성을 형성했습니다. 자기네 동네가 프랑스 가톨릭교회의 시작점이라는 자긍심도 생겼죠. 그러나 전승의 내용이 진실인지 아닌지는 알 수 없습니다. 그 당시 사람들이 일지를 쓰거나 기록을 담당할 서기를 대동하며 활동하지는 않았으니까요. 분명한 점은 이미 프로방스 사람들이 전승을 종교적 믿음으로 받아들였으므로 더 이상 진실 여부를 두고 이러쿵저러쿵하는 건 의미가 없다는 것입니다. 하지만 그 '믿음'이 문제입니다. 독특한 전승이 있는 곳엔 유명세가 뒤따르고 거기에 믿음까지 더해지면 사람들을 잡아끄는 이야깃거리가 만들어지기 마련이죠. 몇몇 사람들은 그걸 이용했습니다. 프로방스 사람들의 믿음이 거짓이라고 말하는 게 아니라 그 믿음을 이용해 주목을 끌고 부를 축적하려 했다는 것이죠.

아주 재미있는 얘기를 하나 해드릴게요. 모든 것은 프로방스 교회 전승에 대한 의구심에서 시작됐습니다. 그 뿌리엔 베랑제 소니에르^{Bérenger Saunière} 신부(1852~1917년)가 연관돼 있어요. 그는 프로방스 근처 옥시타니 지역에서 살았습니다. 어느 날 렌 르 샤토라는 시골 마을의 신부로 부임했는데, 동네에 있는 마리아 막달레나 성당을 수리하던 중 알 수 없는 글자가 가득 씌어진 양피지를 발견합니다. 소니에르 신부가 그 문자를 해독했는지는 알려져 있지 않아요. 그러나 분명한 것은 양피지를 발견한 이후 아주 사치스러운 생활이 시작됐다는 겁니다. 그는 어디선가 끊임없이 나오는 돈으로 사치 물품을 사고, 성당도 수리하고, 심지어 귀족이라야 살 수 있는 성 한 채도 지었습니다. 결국 소니에르 신부는 소속 교구로부터 사제직을 박탈당하고 말죠.

억울했던 걸까요? 소니에르는 더 이상 사제가 아닌데도 자신의 집에 작은 제단을 차려 사제 행세를 이어나갔습니다. 처음에는 마을 사람들도 새로 부임한 신부를 무시하며 그의 행동에 동조했죠. 파면된 사제의 미사에 참석하고 사제로서 대우를 해줬던 겁니다. 그렇지만 오래가지 못했습니다. 제1차 세계대전이 터지고 말았거든요! 죽고 사는 문제가 눈앞에 펼쳐져 있는데 종교가 대수겠어요? 소니에르가 주례하는 미사에 마을 사람들은 점차 안 나가기 시작했고 기부금도 줄고 맙니다. 게다가 소문만 무성한 소니에르의 재산을 노리던 다른 마을 사람들이 소니에르에게 스파이 혐의를 씌웠고 이후 그에 대한 수많은 소문들이 양산되기 시작했어요. 공화정을 거부하고 왕당파에 가담했다, 인신매매를 했다 등 어처구니없는 말들이었죠. 결국 그는 궁핍하게 살다가 1917년 심장마비로 사망했습니다.

그런데 소니에르의 죽음 이후 더 많은 사람들이 그의 삶에 관심을 보였습니다. 제라르 드 세데Gérard de Sède라는 작가는 소니에르가 어떻게 막대한 부를 누렸는지 파헤치다 한 가지 가설을 내놓았어요. 혹시 프로방스 전승에 등장한 사람들이 쓰던 물건들을 발견한 게 아닌가 하고 말이죠. 거기에 예수의 물건도 있었을 거라고 한 발짝 더 나아갑니다. 그는 이 가설들을 기반으로 1967년 『렌의 황금L'Or de Rennes』, 1968년 『저주받은 보물Le Trésor Maudit』이라는 소설들을 발표합니다. 그리고 영국의 BBC 다큐멘터리 팀이 이 책들을 주목했죠. 제작진은 오랜 조사 끝에 '성혈과 성배The Holy Blood and the Holy Grail'라는 제목의 영화와 책을 만들었습니다. 여기에 바로 우리가 잘 알고 있는, 예수와 마리아 막달레나가 결혼해 아이를 낳았고 훗날 프랑스 왕조를 시작하는 메로베우스 가문과 결합했다는 등 여러 이야기가 담겨 있죠. 내용과 구성이 얼마나 정교한지 모든 이야기가 빈틈없이 논리적이고 증거가 빼곡합니다. 그 증거의 핵심이 바로 소니에르의 양피지였죠. 댄 브라운은 이런 골조를 이용해 더 철두철미하게 소설을 써서 『다빈치 코드』를 내놓은 것입니다.

그런데 이 골조가 단번에 무너지는 일이 벌어집니다. 바로 맨 처음 이 모든 이야기를 만들어낸 제라르의 입에서 시작되죠. 제라르는 BBC와의 인터뷰에서 자신의 소설이 소니에르의 양피지에서 출발했다고 말했습니다. 그리고 소니에르 양피지는 피에르 플랑타르 Pierre Plantard라는 사람에게서 구했다고 했죠. 평소 이 이야기에 의구심을 갖고 있던 장-뤼크 쇼메유Jean-Luc Chaumeil 기자는 피에르를 찾아가 물어보기로 합니다. 도대체 소니에르와 어떤 연관이 있기에 그의 양피지를 갖고 있었느냐고 말이죠. 평소 플랑타르는 자신이 일생 동안 양피지를 해석하고 연구했다고 주장했습니다. 그리고 예수의 후손을 지키기 위한 시온 수도회를 창립했다고 말했죠. 여기서부터 허풍의 냄새가 나죠? 예, 그렇습니다. 장-뤼크 기자가 피에르를 추궁해보니 그가 주장한 내용은 모두 거짓이었던 겁니다. 무엇보다 소니에르의 양피지는 사실 조작된 것이었죠.

진실은 이랬습니다. 플랑타르는 평소 떠돌아다니는 음모론을 좋아했고 초이상주의 세상을 꿈꾸며 살던 사람이었어요. 또 자신이 예수의 후손이며 진정한 프랑스의 왕이라는 허무맹랑한 말을 하고 다녔죠. 이를 위해 만들어진 시온 기사단도 자신을 위한 것이었고요. 유유상종이라고 했던가요? 같은 세계관을 갖고 플랑타르의 주장을 지지해준 친구도 있었어요. 바로 필리프 드 셰리제^{Philippe de Chérisey}입니다. 이 둘은 소니에르에 관한 무성한 소문에 관심을 쏟기 시작했습니다. 그리고 소니에르가 신부로 활동했던 렌 르 샤토 지역의 땅을 구매해서 성경과 초기 교회 전승, 소니에르 소문과 플랑타르의 음모론을 한데 모아 이야기를 짜 맞추고 말았죠. 사람들을 믿게 하려면 증거도 필요하잖아요? 평소에 도서관에서 많은 시간을 보냈던 필리프는 그리스도교 고고학에 관심이 많았고 이를 기반으로 가짜 소니에르 양피지 두 개를 만들게 된 거죠. 여기에 제라르는 두 사람이 짜 맞춘 이야기를 더 광범위하고 문학적으로 재창작해 출판했던 겁니다.

이 희대의 사기 사건은 프랑스 국민, 아니 온 유럽인을 혼란에 빠트립니다. 왜냐하면 모든 것의 시작이었던 피에르 플랑타르가 사기꾼으로 밝혀지면서 그것을 기반으로 쓴 제라르의 소설도 허구, 또 BBC가 제작한 다큐도 허구, 결국은 댄 브라운의 『다빈치 코드』도 허구가 됐기 때문입니다. 기가 막히죠? 백 년간 이어진 사기 행각이라니!

논란의 중심 마리아 막달레나

　사실 모든 논란의 시작은 마리아 막달레나에게서 비롯됩니다. 특히 프랑스를 중심으로 그녀에 대한 전승이 아주 많이 만들어집니다. 하필이면 왜 마리아 막달레나일까요? 프로방스 전승에는 수많은 사람이 등장하는데 말이죠. 결론부터 말하자면 마리아 막달레나는 가톨릭교회의 '왕따'였습니다! 무려 2천 년 동안이요!

　흔히 마리아 막달레나의 삶이 매우 기구하다고 말합니다. 성경에 의하면 그녀는 창녀였고 죄가 많았지만 예수가 용서해줬다고 하죠. 그 뒤로 그녀는 예수를 평생 쫓아다니며 가르침을 받았고, 결국에는 마리아 막달레나가 예수 부활의 첫 증인으로 성경에 기록됩니다. 이게 문제였어요. 마리아 막달레나는 예수에게 예쁨을 너무 많이 받았습니다. 왜 이게 문제냐고요? 예수가 활동한 시기는 철저히 남성 중심적인 사회였습니다. 여성은 공부할 수 없었고 특히 종교 생활에 발을 붙이지도 못했죠. 여성 인권이라는 개념 자체가 없었을 때였어요. 그런데 마리아 막달레나는 예수에게 직접 용서도 받았고, 가르침도 받았고, 결정적으로 부활한 예수가 사도들이 아닌 그녀에게 먼저 나타났습니다. 그토록 예수가 자신이 부활할 거라고 여러 번 얘기했는데 이 사실을 믿은 건 결국 먼발치에 있었던 마리아 막달레나였던 겁니다. 게다가 마리아 막달레나가 감히(?) 사도들에게 예수가 부활했다고 말을 전하기까지 했으니 말입니다.

물론 사도들은 들은 체도 안 했죠.

초기 가톨릭교회 사제들과 학자들도 이런 의구심을 가졌습니다. 그리고 도대체 마리아 막달레나가 누구인지 연구해야만 했습니다. 결국 딱 한 가지, 어쩔 수 없이 인정해야 하는 점이 있었는데 바로 부활한 예수의 첫 만남이 마리아 막달레나라는 것이죠. 왜냐하면 대부분의 복음서에 또렷하게 마리아 막달레나의 이름이 적혀 있고 또 그 여인이 부활한 예수를 처음으로 만났다고 했거든요. 그토록 남성 중심적인 이스라엘 사회에서 특히 종교 경전에 여성의 이름이 나온 건 파격적이었습니다. 그런데 마리아 막달레나와 관련된 다른 이야기들에는 그녀의 이름이 나오지 않습니다. 그냥 '죄 많은 여인', '어떤 여인' 이런 식으로 애매하게 적혀 있죠. 여기서부터 학자들이 혼란에 빠집니다. 저 여인들이 다 같은 마리아 막달레나일까 아닐까 하고 말이죠.

교회의 오류와 수정

결정적으로 591년 그레고리오 교황이 이 모든 여인들이 곧 마리아 막달레나를 가리킨다고 공표하면서 의구심은 정리됩니다. 교황이 선포한 가르침이라면 오류가 있을 수 없고 절대적으로 따라야 하죠. 그에 따라 마리아 막달레나의 삶이 논리정연하게 알려지게 됐습니다. 제가 대략적으로 요약해볼 테니 말이 되는지 한번 봐주세요.

마리아 막달레나는 마귀가 들렸을 정도로 죄가 많은 여인이었다. 그러나 그녀는 예수를 만나 회개했고 예수의 가르침을 아주 잘 받아들이고 따랐다. 이런 이유로 예수는 마리아 막달레나를 아꼈고 부활했을 때 처음으로 나타났다.

꽤 그럴듯하죠? 유럽 전역으로 교세를 확장하고 있던 가톨릭교회 입장에서는 마리아 막달레나의 삶이 딱 알맞은 표본이었어요. 처음 만난 사람들에게 그녀의 삶을 들려줘서 교회에 와야 하는 이유를 쉽게 이해시킬 수 있었던 겁니다. 그러려면 추호도 의심할 수 없는 논리가 필요하겠죠? 지금이야 여러 가지 자료와 오랜 연구를 통해 좀 더 객관적인 결과를 도출할 수 있지만 당시에는 그렇지 않았습니다. 여성에 대한 사회적 편견이 심했기 때문에 마리아 막달레나에 관한 자세한 조사가 이뤄지지 않았어요. 결국 마리아 막달레나는 죄인으로서 회개한 상징적 인물이 돼버렸고 사제들은 늘 그녀를 예로 들어 설교하기에 이릅니다. 사람은 언제나 죄인이니까 우리도 그녀처럼 예수를 늘 가까이하고 가르침에 따라 행동하며 회개해야 천국에 갈 수 있다는, 뭐 이런 내용인 거죠. 당시 교회의 가르침은 무조건 사제에 의해서만 해석되고 가르쳐져야 했으니까 사람들은 그들의 말을 믿을 수밖에 없었어요.

그런데 그로부터 천3백여 년이 지난 20세기에 교황청은 전혀 다른 결정을 내립니다. 아무리 생각해봐도 과거의 결정이 너무 이상한 겁니다. 그래서 성경학자들이 찾은 실마리가 프로방스 교회 전승이었죠. 분명 베타니아에 살았던 라자로와 마르타는 생트 마리 드 라 메르에 도착해 여러 마을에 전도를 한 전승이 내려오고 있는데 그들의 막냇동생인 마리아는 어디에 있느냐는 겁니다. 결국 바오로 6세 교황은 마리아 막달레나와 베타니아의 여인 마리아, 죄 많은 여인은 각각 별개의 인물이라고 선언합니다. 이어서 성 요한 바오로 2세 교황은 마리아 막달레나가 열두 사도와 같은 역할을 했다고 말하기도 했죠. 마침내 2016년 6월 프란치스코 교황은 마리아 막달레나는 '사도들의 사도Apostolorum Apostola'라고 선언하면서 가톨릭교회 달력에서 그녀의 기념일을 가장 높은 등급인 축일(7월 22일)로 격상시켰습니다. 마리아 막달레나의 누명이 2천 년 만에 벗겨지는 순간이었죠.

이처럼 교황청은 오랜 시간 마리아 막달레나의 복권을 위해 노력하면서 2004년에 한 가지 결정을 먼저 내립니다. 교회의 전통을 기록한 『로마 순교록』에서 프로방스 교회 전승을 삭제한 것이죠. 그리고 조심스레 프로방스 지역에서 죽은 마리아는 마리아 막달레나가 아니라 베타니아의 마리아가 아니겠느냐는 의견도 내놓았습니다. 그러면 마리아 막달레나는? 모릅니다. 행적이 불분명하면 선

▲ 생트 마리 드 라 메르 성당의 두 마리아 조각상.

▼ 두 마리아의 전구傳求로 치유받은 신자들이 걸어놓은 사례 그림들.

불리 결정할 수 없다는 게 교황청의 입장입니다.

어쩌면 좋을까요?

현재 프랑스 가톨릭교회는 어쩔 줄 몰라하고 있습니다. 왜냐하면 마리아 막달레나가 프랑스 남부 생트 마리 드 라 메르에 도착한 건 당시의 박해 때문일 뿐만 아니라 열두 사도가 그녀를 미워했기 때문이라고 여기거든요. 그런 그녀를 프랑스 땅이 받아줬고 마리아 막달레나 덕분에 프랑스에 교회의 초석이 놓였다고 생각합니다. 그래서 프랑스 교회는 교황청 다음으로 가장 역사와 전통이 있는 교회라고 자부하고 있죠. 프랑스의 수도 파리만 봐도 시내 한가운데에 마들렌 성당이 크게 세워져 있는 거 보세요. 참고로 마리아 막달레나를 프랑스 말로 마들렌이라고 부릅니다.

이처럼 말 많고 탈 많은 프로방스 전승이지만 정작 프로방스 사람들에게 생트 마리 드 라 메르는 여전히 믿음과 전통의 근원지입니다. 매년 엑상프로방스-아를 대교구는 마리아 자코베의 축일인 5월 25일과 마리아 살로메의 축일인 10월 22일에 아주 큰 순례 축제를 엽니다. 두 마리아의 유골함을 공개하고 그 앞에서 기도하며 예수의 축복을 염원하죠. 마을 사람들은 프로방스 특유의 노래와 춤으로 그 주변을 에워싸는데 매우 아름답습니다. 마리아 막달레나에 대한 언급은 점점 줄어들고 있어요. 생트 마리 드 라 메르 성당을 설명하는 현판에도 그녀를 최소한으로 기록해놓았습니다. 아무래도 교황청 결정에 따라야 하는 게 가톨릭교회의 순리이기 때문이겠죠.

라벤더 향이 퍼지는 수도원

세낭크 아빠스좌 성당
Église Abbatiale Notre-Dame de Sénanque

남프랑스 고르드 지방에 세워져 있는 세낭크 수도원^{Abbaye Notre-} Dame de Sénanque은 세상에서 가장 매혹적인 수도원이라고 불러도 아무런 거리낌이 없습니다. 한여름이면 활짝 핀 라벤더 꽃을 따라 수도원 주변이 보랏빛으로 물들기 때문이죠. 얼핏 보면 보라색 양탄자 위에 수도원 건물만 덩그러니 띄워져 있는 것 같습니다. 두메산골에 위치해 있는데도 이 수도원을 보기 위해 수많은 관광객들이 찾아와 감탄을 금치 못하죠.

하지만 2019년 초 프랑스의 여러 신문에 세낭크 수도원이 곧 무너질 수 있다는 기사가 실렸습니다. 수도원에서 가장 중요한 건물인 아빠스좌 성당에 심각한 균열이 생겨 더 이상 사용할 수 없다는 진단을 받은 겁니다. 당장 수리하지 않으면 성당부터 시작해 도미노처럼 수도원의 모든 건물이 무너질 수 있는 상황이었죠. 수도원에 거주하고 있던 수사들은 어떻게 할 도리가 없었습니다. 수도원 유지 관리를 위해 직접 생산한 음식과 와인 등을 팔아 수입을 얻고 있었지만, 수도원을 수리할 만큼의 재정적인 여력은 없었으니까요.

이 뉴스를 접한 프랑스 사람들은 깜짝 놀랐습니다. 아름다운 수도원이 사라질 수 있다는 사실을 믿을 수 없었죠. 특히 이 수도원에서 피정(잠시 세속을 떠나 기도하며 수련하는 것)을 하며 기도했던 사람들은 어떻게든 수도원을 돕고자 했습니다. 프랑스의 유명 코미디언인 엘리 세문^{Elie Semoun}은 수도원을 후원하자는 운동을 공개적으로 펼쳐 나갔습니다. 그 역시 세낭크 수도원에서 피정을 한 경험이 있었죠. 프랑스 사람들은 이 호소에 점차적으로 응답했습니다. 마침 내 목표 금액인 80만 유로(약 12억 원)를 훌쩍 넘는 금액이 모였습니 다. 단 8개월 만에 이뤄낸 성과였죠. 10유로부터 5만 유로까지 약 4천4백 명에 이르는 사람들이 수도원 재건에 힘을 보탰습니다.

프랑스 사람들은 이 수도원의 가치에 대해 잘 알고 있었습니다. 단지 문화 유적지로 보호받아야 한다는 것뿐만 아니라 오랜 세월 동안 기도로써 많은 사람들에게 영적인 힘이 되어준 수도자들의 노고를 잊지 않았던 거죠. 2021년, 세낭크 수도원은 복원 공사를 마치고 사람들에게 새 단장한 모습을 드러냈습니다. 수도자들은 임시 성당을 떠나 아빠스좌 성당에서 다시 기도하기 시작했고 수도 원 복원을 위해 힘써준 사람들에 대한 기도도 잊지 않았어요. 세상 과 단절된 수도원이지만 세상 사람들과 함께 수도원 복원에 성공한 세낭크 수도원, 이번에는 이 수도원에서 오랜 세월 기도 노래가 울 려 퍼지고 있는 세낭크 아빠스좌 성당을 살펴보겠습니다.

교회의 꽃, 수도원

수도원이라고 들어보셨죠? 말 그대로 도道를 닦는修 곳을 말하는 데 가톨릭교회에선 그리스도교적 가치를 위해 세속을 떠난 사람 들이 평생 머무는 장소를 가리킵니다. 수도원에서는 공동생활을

▲ 세낭크 수도원의 전경.

▼ 안뜰에서 바라본 세낭크 수도원.

합니다. 공동체가 없고서는 수도원이 존재할 수 없죠. 모든 사람들은 정해진 시간에 일어나고, 기도하고, 주어진 일을 하고, 또 하루를 마감합니다. 이를 통해 자신이 추구하는 가치를 깨닫고, 자신이 찾은 깨달음을 수도원 바깥 사람들과 나누기도 하죠. 우리는 이렇게 살아가는 여성을 수녀, 남성을 수사라고 부릅니다. 물론 남녀가 다른 수도원에서 따로 공동생활을 하죠.

수도 생활은 가톨릭교회의 아주 오래된 생활 방식입니다. 성인이 된 예수가 사회에 나오기 전 광야에 홀로 머물며 도를 닦은 것처럼 엄청나게 많은 사람들이 그 삶을 따르고자 했습니다. 그 가운데 몇몇은 깨달음을 얻고 새로운 수도 규범을 만들기도 했죠. 대표적으로 성 베네딕토, 성 프란치스코, 성 도미니코 같은 사람들이 있었습니다. 그중 성 베네딕토(480~547년)는 서방 수도 생활의 아버지라고 할 정도로 많은 가르침을 남겼고 지금까지 수도 생활에 영향을 끼치고 있죠.

베네딕토 계열의 수도원은 직접적으로 관련되는 베네딕토 수도회와 베네딕토의 규칙만 사용하고 있는 비非베네딕토 수도원으로 나뉩니다. 이 모든 베네딕토 계열의 수도원들은 하나의 특징이 있는데 각 수도원이 자체적으로 운영된다는 거예요. 물론 작은 수도회는 각자도생할 여력이 없으니까 큰 수도원의 도움을 받아야 합니다. 나중에 수도원의 규모가 커지면 모든 분야에서 독립성을 보장받는 수도회로 발돋움할 수 있게 되죠. 이때 도움을 주고 긴밀한 관

한스 멤링, 〈성 베네딕토〉. 1487년, 우피치 미술관, 피렌체.

계를 이루는 큰 수도회를 '아빠스좌 수도원(대수도원)'이라고 부르고, 수도원장은 아빠스라는 호칭으로 주교와 같은 예우를 받습니다. 동시에 수도원 성당은 아빠스좌 성당으로 승격돼 기도 시간에 아빠스(대수도원장)만 앉을 수 있는 의자와 지팡이가 놓이게 되죠.

프로방스 수도원의 중심 세낭크

세낭크 수도원은 베네딕토 규칙을 따르는 시토회Ordre Cistercien에

속합니다. 시토회는 1098년 몰렘의 로베르^{Robert de Molesme}에 의해 설립된 남자 수도회입니다. 세속화된 가톨릭교회와 변질된 수도원 정신에 염증을 느끼고 수도원 본연의 모습을 되살리기 위해 시작되었죠. 로베르는 베네딕토 수도원보다 더욱 엄격한 기도 생활과 금욕 생활을 강조했습니다. 1112년엔 클레르보의 베르나르^{Bernard de Clairvaux}가 시토회에 합류했죠. "너는 무엇 때문에 여기 있는가?^{Ad quid venisti?}"라는 말로 자신을 끊임없이 성찰한 베르나르는 시토회의 아빠스가 되고 유럽 전역에 시토회를 퍼뜨리는 역할을 했습니다. 시토회는 베르나르 덕분에 큰 발전을 이루었죠. 특히 베르나르가 쓴 여러 책과 신학 해석은 수사들뿐만 아니라 신자들에게까지 많은 영향을 끼쳤습니다.

시토회의 수도원들은 대부분 개울이 흐르는 산골짜기 한가운데에 있습니다. 누구도 살고 싶어 하지 않고 농사도 잘 안 될 것 같은 곳이지만 수사들은 괘념치 않았어요. 그들에게 가장 중요한 건 세상과 단절돼 아무에게도 방해받지 않는 기도 생활이었기 때문이죠. 이런 이유로 세낭크 수도원도 1148년 고르드 골짜기 한가운데에 세워졌습니다. 실제로 가보면 알겠지만 고르드 시내에서 차를 타고 구불구불한 일차선 길을 한참 타고 올라갔다가 다시 내려가야 비로소 수도원에 발을 디딜 수 있어요.

수도원의 모든 건물은 매우 단순하고 소박합니다. 수도 생활의 본질이 이뤄지는 성당마저도 전혀 화려하지 않아요. 수사들은 자

고르드 골짜기 한가운데에 세워진 세낭크 수도원.

신들의 규범에 따라 최대한 자연에서 재료를 구해 직접 건물을 지었습니다. 남에게 보여줄 필요도 없었고 오직 수사들이 기도 생활과 노동에 집중할 수 있기만 하면 충분했어요. 불과 2년 만에 아빠스좌 수도원이 된 세낭크 수도원은 프로방스 지역의 가장 인기 있는 수도원이 됐습니다. 젊은 남자들은 너도나도 수사가 되고자 세낭크 계곡에 몰려들었고 또 다른 사람들은 수사들을 한 번이라도 만나 이야기를 나누고 싶어 했죠. 수도원 역시 사람 냄새가 나는 곳이라서 그럴까요? 결국 세낭크 수도원의 규모는 걷잡을 수 없을 정도로 커졌습니다. 계곡을 벗어나 방앗간과 공장 여럿을 운영했고 심지어 병원도 소유했어요. 자신들의 손으로 직접 지은 수도원 건물과 성당이 그 의미가 무색할 정도로 초심을 잃어버린 겁니다. 다행스럽게도 얼마 안 가 수사들이 본래의 모습을 되찾고자 했습니다. 갖은 세속적 유혹 속에서 세낭크 수도원의 수사들은 수도 생활의 본질을 잊지 않으려고 노력하며 성장해 나갔던 거죠.

수도원의 주인이 돌아올 때까지

그럼에도 불구하고 수도원은 쇠퇴의 길을 걸었습니다. 16세기 종교개혁으로 벌어진 가톨릭-개신교 전쟁과 18세기 프랑스 혁명은 세낭크 수도원이 다시는 일어설 수 없을 만큼 큰 피해를 입혔습니다. 수사들은 사형에 처해졌고 그나마 남아 있던 수사들마저 수도원을 떠나야 했어요. 더 이상 수사가 되고 싶어 하는 젊은 남자들이 없었기 때문입니다. 게다가 1792년 세낭크 수도원의 모든 건물이 프랑스 정부에 압류됐죠. 아빠스좌 성당에 있던 십자가와 동상은 부서졌고 수도원임을 알려주는 표식마저 망치질로 짓밟혔습니다.

이후 우여곡절 끝에 수도원 본연의 기능을 되찾긴 했지만, 수도원을 운영하는 주인은 여러 번 바뀌었습니다. 1857년 세낭크 수도원에서 가장 가까운 곳에 있는 같은 시토회 소속의 레린 수도원 Abbaye de Lérins에서 세낭크 수도원을 매입해 수사들이 다시 살기 시작했어요. 다시는 수도원을 뺏기지 않으려고 노력한 끝에 19세기 말

세낭크 수도원 내부.

에는 72명의 수사들이 거주할 정도로 성장했습니다. 하지만 수도원은 바뀐 프랑스 헌법에 의해 다시 문을 닫아야 했고 또다시 프랑스 정부에 매각됐어요. 게다가 1905년 제정된 정교분리법으로 프랑스 전역에서 종교 건물이 압류되거나 매각당하면서 세낭크 수도원에 다시는 수사들이 살지 못하게 됩니다. 그러나 시토회 수사들은 수도원을 포기하지 않았죠. 1926년 레린 수도원은 세낭크 수도원을 다시 사들였고 마침내 아빠스좌를 포기한 상태에서 일반적인 수도원장이 이끄는 수도원Prieuré으로 새 출발하기로 결정합니다.

라벤더 향이 퍼지는 수도원

수사들은 수도원을 또다시 빼앗기지 않기 위해 정체성을 재확립할 필요성을 느꼈어요. 자급자족의 수도원 노동을 지키되, 과거와 같은 수도원의 모습을 탈피하고자 했습니다. 그러다 세낭크 계곡을 넘어 프로방스 지역에 라벤더 꽃이 넓게 퍼져 있는 걸 발견하게 됩니다. 프로방스 지역은 로마 시대부터 라벤더 꽃을 식용과 의학용으로 길러왔습니다. 연중 따스한 햇살과 석회질이 가득한 땅 그리고 넓게 펼쳐진 고원 지대는 라벤더가 자라기에 무척 적합한 환경이었죠.

1970년부터 수사들이 정성스레 가꾼 라벤더 꽃은 아로마 오일

천 년의 세월이 묻어나는 세낭크 수도원의 라벤더 밭.

과 비누, 각종 화장품으로 재가공돼 수도원을 방문하는 사람들에게 판매되고 있습니다. 더불어 7월 초에 수도원 주변으로 펼쳐지는 보랏빛 향연은 수많은 관광객들의 발걸음을 끌어당기고 있죠. 다른 곳의 라벤더 밭도 멋지긴 하지만 천 년의 세월이 묻어나는 수도원 건물과 어우러진 라벤더의 보랏빛 풍경은 사람들의 시선을 송두리째 사로잡을 만큼 아름답습니다.

더욱 엄격한 '기도와 노동'. 수사들은 꽃을 가꾸면서도 시토회의 정신을 잊지 않으려고 노력합니다. 수많은 관광객이 수도원을 방문하더라도 그 소음을 물리치고 기도와 노동에 더욱 집중해 수도 생활의 본질을 실천하고 있죠. 수도원은 가톨릭교회의 꽃이라고 합니다. 교회의 전통을 가장 아름답게 가꾸며 이어나가고 있기 때문이에요. 세낭크 수도원에 살고 있는 수사들은 오늘도 기도의 향이 라벤더의 꽃향기보다 더 진하고 넓게 퍼져 나가도록 노력하고 있습니다.

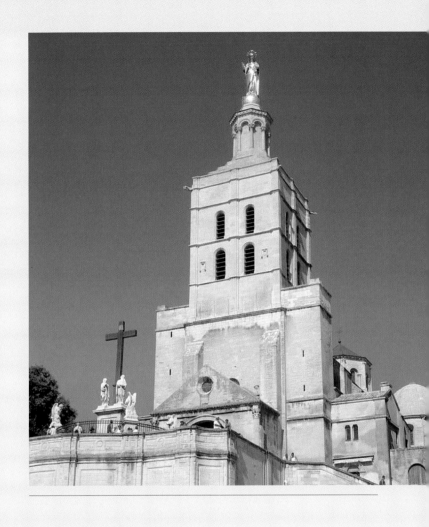

아픔 위에 아픔을 쌓은 성당

아비뇽 노트르담 데 돔 주교좌성당
Cathédrale Notre-Dame-des-Doms d'Avignon

제가 아비뇽에 갈 때마다 들려오는 노래가 있습니다. "아비뇽 다리 위에서 우리는 춤을 추네. 춤을 춰, 아비뇽 다리 위에서. 우리는 둥글게 춤을 추네." 〈아비뇽 다리 위에서 Sur le pont d'Avignon〉라는 프랑스 민요입니다. 각계각층의 남녀가 모여서 손에 손을 잡고 춤을 춘다는 아름다운 내용을 담고 있죠. 관광객들은 아비뇽 다리라고 일컫는 생 베네제 다리 Pont Saint-Bénezet 위에서 서로 눈치를 보다가 노래를 부릅니다. 누군가 시작만 하면 마치 약속이나 한 것처럼 따라 부르는데 어떤 이들은 춤까지 추기도 하죠. 가끔은 저도 슬쩍 무리에 껴서 노래를 부르며 춤을 추기도 한답니다.

그런데 사실 이 다리는 끊어져 있습니다. 아비뇽 바로 앞에 흐르는 론 강이 자주 범람하면서 다리 일부가 무너졌거든요. 여러 번 수리했지만 또 무너져버리고…. 지금은 포기해버린 지 수백 년이 지났습니다. 끊어진 다리를 당장 없애버릴 법도 한데 그 모습이 어딘가 아비뇽이라는 도시 분위기와 아주 잘 어울립니다. 다리 바로 뒤엔 도심을 따라 단단하게 쌓아 올린 성곽이 있고, 성안에도 엄청난 위용을 자랑하는 큰 성이 자리 잡고 있어요. 마치 '누구도 땅과 강으로 침범해 오지 마라!'고 외치는 듯합니다.

실제로 아비뇽 성곽과 성은 누군가 자신을 지키기 위해 지은 것입니다. 그런데 너무 불안하게 살았던 나머지 출입구는 좁게, 창문은 작게 만들어 아예 외부와 단절하며 살게끔 만들어놓았습니다. 너무 삭막하죠? 이 정도 건물을 지을 만한 사람이면 재력도 충분

아비뇽 노르트담 데 돔 주교좌성당과 교황청.

하고 권력도 있었을 텐데 말예요. 도대체 누가 살았기에 자신을 꽁 꽁 숨기려 했을까요? 그들은 현재 아비뇽의 노트르담 데 돔 주교좌 성당에 잠들어 있습니다. 바로 로마 가톨릭교회의 최고위 성직자 인 교황입니다. 자, 이제부터 교황의 무덤이 왜 여기에 있고, 왜 철 옹성 같은 성당과 성벽이 세워졌는지 전후 사정을 알아보겠습니다.

프랑스와 교황의 관계

먼저 교황이란 직책이 무엇을 의미하는지, 이 성당이 지어졌을 당시 유럽 상황은 어떠했는지 간단히 살펴봐야겠어요. 교황직은 전 세계에서 가장 오랜 시간 이어지고 있는 자리입니다. 예수의 열 두 사도 중 한 명인 베드로를 초대 교황으로 하여 2천 년이란 시간 을 지나왔죠. 켜켜이 쌓인 세월만큼 역할도 다양합니다. 로마 가톨 릭교회의 수장, 로마 교구장 주교, 바티칸 시국 군주, 그리스도의 대리자 등이 있죠. 독특한 점이 하나 있는데 교황직이 바로 선출직 이라는 것입니다. 교황이 세상을 떠나면 고위 성직자인 추기경들이 모여 투표를 합니다. 모든 추기경이 교황 후보라서 어떤 사람이 교 황으로 선출될지는 감히 예상도 못 하죠. 이렇다 보니 사람들은 교 황 선거가 있을 때마다 어느 나라 출신의 추기경이 교황직에 뽑힐 지 관심이 높습니다. 지금의 프란치스코 교황은 아르헨티나 출신,

전임자인 베네딕토 16세는 독일 출신, 그전 전임자인 성 요한 바오로 2세는 폴란드 출신이었습니다. 이렇듯 우리 시대의 교황들은 다양한 나라에서 왔습니다.

그러나 한때 교황직은 로마 교구 소속 성직자, 더 나아가 이탈리아인 성직자의 전유물이었습니다. 원래 추기경은 로마에 거주하는 성직자를 중심으로 임명됐거든요. 아무래도 추기경이 교황의 자문 역할을 담당했고 교황청 역시 로마에 있으니까 당시로서는 당연한 일이었을 테죠. 이미 그 전통은 깨진 지 오래지만 지금까지도 흔적이 남아 있는 게 바로 '명의名儀 성당'입니다. 외국인은 물론 로마 교구 소속이 아닌 신임 추기경은 반드시 로마 시내에 있는 성당 한 곳의 명의 주임 사제로 임명됩니다. 그래서 지금도 로마에 가면 발길 닿는 곳마다 성당이 즐비하고, 성당 입구엔 명의 주임 사제로 임명된 추기경의 문장이 걸려 있죠.

아무튼 그 사이에서 틀을 깨고 싶어 하는 나라가 있었으니 바로 프랑스였어요. 프랑스는 오랜 시간 '교회의 맏딸'이라는 별명을 갖고 있었습니다. 유럽에서 가장 먼저 가톨릭교회를 받아들였고 가톨릭을 국교로 승인해 크게 발전해온 나라이기 때문이죠. 그동안 프랑스는 교황에게 잘 보이려고 많이 노력했습니다. 아직 통일되지 않은 이탈리아에서 교황직이 여러 번 위협을 받자 바로 군대를 파견해 도왔고, 심지어 교황이 안정적으로 권력을 유지할 수 있도록 땅을 바쳤습니다. 이 땅이 바로 교황이 직접 다스리는 나라인 교황령입니다. 그 대가로 교황은 유럽의 유일한 군주직이 프랑스에 있다고 선언하면서 막강한 힘을 실어줬죠. 이렇게 프랑스와 교황은 떼려야 뗄 수 없는 관계로 오랫동안 공존해왔습니다.

누가 유럽의 일인자인가?

그런데 14세기부터 이 두 세력 간에 균열이 생기기 시작합니다. 당시 중세 유럽 사회는 다단계 구조처럼 서로가 서로에게 충성을 맹세하는 계약 관계였습니다. 만약 하나의 계약이 깨져버리면 모든 관계에 악영향이 끼칠 게 뻔했죠. 이런 구조로는 강대국이 될 수 없었습니다. 그래서 프랑스 국왕은 자신에게 직접 충성하게끔 유도하고 모든 권력이 자신에게 집중되도록 했어요. 동시에 군대의 힘도 키웠습니다. 만약 왕의 명령을 듣지 않는 지방 귀족이 있다면 바로 군대를 파견해 제압했죠. 더불어 주변국들이 함부로 침범하지 못하게 국경 방어도 더 견고히 했습니다.

자, 여기서 한번 생각해보세요. 이 모든 일을 위해서 가장 필요한 게 무엇일까요? 바로 돈입니다. 나라가 발전하려면 정말로 많은 돈이 필요했어요. 당시 프랑스 왕 필리프 4세는 시민들과 귀족들에게 걷을 수 있는 한 최대한 세금을 거둬들였습니다. 그런데도 돈이 부족했어요. 필리프 4세는 어디서 돈 나올 데가 없나 하고 시선을 여기저기로 돌리기 시작했습니다. 그의 눈에 딱 한 곳이 걸려들었죠. 바로 가톨릭교회였습니다.

가톨릭교회는 프랑스와 별개로 독자적인 관리 시스템을 갖고 있었고 교황의 관리를 받았습니다. 수많은 사람들이 축복받기 위해 봉헌한 돈은 교황과 교회의 이름으로 보호받고 있었죠. 필리프 4세는 이걸 잘 알았습니다. 교회의 곳간에는 셀 수 없이 많은 돈이 쌓여 있다는 것을요. 이제 교회에도 세금을 매겨서 그 돈을 쓸 수 있다면 프랑스는 더욱 강력한 국가가 될 거라는 확신이 섰습니다. 동시에 교회를 프랑스 안으로 편입시킬 수 있는 좋은 기회라고 생각했죠.

교황은 당연히 노발대발했습니다. 감히 교회를 건드려? 신성한 돈을 뺏는다고? 하지만 프랑스가 신성한 가톨릭교회의 영역까지 침범할 줄은 몰랐을 겁니다. 교황은 온 힘을 다해 프랑스 국왕인 필리프 4세를 비난하고 이단으로 내몰려고 했지만 뜻대로 되지 않았습니다. 왜냐하면 이미 프랑스의 국력이 교황을 압도하고 있었거든요. 게다가 교황에게도 큰 약점이 있었습니다. 프랑스처럼 국력을 끊임없이 키울 수 없었던 거죠. 아무리 교황령이 정치, 외교, 군대, 영토 등 국가의 필수 조건들을 갖추고 있다고 해도 교황의 지위는 정치적이라기보다 교회의 수장이라는 역할이 더 컸습니다.

프랑스 국왕과 교황의 갈등이 커지면 커질수록 필리프 4세는 결단을 내릴 수밖에 없었습니다. 이제는 교황보다 프랑스 국왕의 힘

줄리안 본차 토마셰프스키, 〈아나니에서의 공격〉, 19세기 말경, 개인 소장.
자코모 시아라 콜론나가 보니파시오 8세의 뺨을 때리려고 하는 순간을 묘사했다.

이 강력하다는 걸 보여줘야 했죠. 결국 1303년 자신이 지방 귀족들에게 그랬던 것처럼 교황령에 군대를 보냈습니다. 그리고 아나니 Anagni 마을에 있는 교황 별장에서 쉬고 있던 교황 보니파시오 8세를 납치합니다. 그 과정에서 교황은 뺨을 맞는 등 엄청난 치욕을 당하죠. 시간이 조금 지나서 이탈리아 귀족들이 교황을 구하긴 했지만 고령이었던 교황은 충격을 받아 곧바로 세상을 뜨고 맙니다. 프랑스는 이때다 싶었습니다. 그토록 원하던 것, 바로 교회를 프랑스 발밑으로 둬서 세금도 걷고 교황도 프랑스 사람으로 선출되게 할 수 있는 기회가 온 것입니다.

아비뇽 유수의 시작

　프랑스는 교황 선출 과정인 콘클라베에 대놓고 압력을 가했습니다. 프랑스 사람이 교황이 되길 바랐던 거죠. 그러나 교황을 선출하는 추기경단에는 여전히 이탈리아인 추기경이 대거 차지하고 있었어요. 결국 콘클라베는 일 년 동안 프랑스 추기경들과 이탈리아 추기경들 간의 갈등으로 시간만 축내고 맙니다. 이윽고 추기경들은 그나마 중립적인 사람을 교황으로 선출했는데 프랑스 사람이지만 추기경은 아니었던 베르트랑 대주교였어요. 그는 클레멘스 5세로 즉위합니다. 그런데 즉위식을 한 장소가 로마 교황청이 아닌 프랑스 리옹이었습니다. 로마에 발을 딛지도 못하고 프랑스에서 교황의 직무를 수행해야 했죠. 당연히 주변 사람들의 반발이 심했습니다. 프랑스에 대항해 신흥 강자로 떠오른 신성로마제국을 포함해 교황령 귀족들은 탐탁하게 여기지 않았죠.

　중립적인 의미의 교황으로 선출된 클레멘스 5세는 역시나 중립적인 지역을 찾아 헤맸습니다. 그리고 1309년 교황청을 프랑스 땅은 아니지만 프랑스에 가까운 도시 아비뇽으로 옮겼죠. 아비뇽은 이미 프로방스 귀족에 의해 교황의 사유지로 관리되고 있는 땅이었습니다. 그러나 교황의 권력은 바닥을 치고 있었고, 아비뇽 바로 앞에 흐르는 론 강 건너편에선 프랑스가 두 눈을 시퍼렇게 뜨고 지켜보고 있었죠. 결국 교황은 프랑스가 원하는 대로 가톨릭교회를 운영해야 했습니다. 프랑스가 교회 재산에 관여하는 걸 피할 수 없었고 프랑스 출신 성직자를 추기경으로 대거 임명해야 했죠. 이렇게 교황의 아비뇽 유배 생활이 시작된 겁니다.

세계의 중심이 돼버린 아비뇽 주교좌성당

어쩔 수 없이 아비뇽은 전 세계 가톨릭교회의 중심 도시가 됐습니다. 또 주변 마을을 일부 흡수해 교황이 직접 통치하는 교황령이 되었죠. 아비뇽엔 이미 그리스도교가 전파돼 주교좌성당을 비롯한 교회 건물이 존재했지만 재정비할 필요가 있었습니다. 이유야 어떻든 간에 이곳이 교황이 거주할 신도시로 재탄생해야 했기 때문이죠.

그러나 교황은 언제나 불안에 떨어야 했습니다. 프랑스가 언제 다시 쳐들어와 자신을 납치할지 모르기 때문이었죠. 이런 이유로 교황청은 아주 높이, 성벽은 두껍게 지어졌습니다. 스스로 가두는 형태의 건물이 돼버렸지만 누구도 함부로 쳐들어올 수 없도록 건물을 단단하게 지었던 것이죠. 성당도 마찬가지로 크게 짓기보다 교황이 안전하게 움직일 수 있도록 증축했습니다. 예를 들어 주교좌성당을 교황이 거주하고 업무를 보는 교황청과 연결해 마치 하나의 건물처럼 보이도록 했어요. 또 성당 정문을 딱 한 개만 만들어

▲ 17세기 아비뇽 지도.

▼ 에티엔 마르텔랑주, 〈아비뇽 교황청 전경〉, 1617년.

쉽게 닫을 수 있게 했습니다. 만약 미사 중에 누군가 침입해 온다면 성당 문을 바로 닫아버리고 교황청으로 재빠르게 이동할 수 있게 말이죠. 여하튼 주교좌성당을 포함한 모든 건물이 커다란 암벽 위에 우뚝 세워졌습니다. 그리고 건물마다 두꺼운 지붕을 올렸기 때문에 마치 여러 개의 돔이 하늘에 둥둥 떠 있는 것처럼 보였죠. 이런 모습들이 주교좌성당 이름에도 영향을 끼쳤습니다. 지금도 이 성당을 '아비뇽의 노트르담 데 돔 주교좌성당'이라고 부르는 것만 봐도 알 수 있죠. 이 말은 '돔들의 성모 마리아 주교좌성당'이라는 뜻입니다. 성모 마리아의 도움으로 교황이 무사히 살아가기를 바라는 마음까지 더해진 듯합니다.

내가 만든 무덤에 내가…

성당은 여러 기능이 있지만 그리스도인의 마지막 순간이 머무는 곳이기도 합니다. 사람이 세상을 떠났을 때 장례를 치르고 또 묻혀야 하는 장소인 거죠. 교황 또한 로마에 있었을 때는 시신이 안치돼야 하는 성당이 따로 있었습니다. 로마 성 베드로 대성전이나 요한 라테라노 대성전이 그 역할을 했죠. 그러나 이제는 교황의 시신을 로마에 안치하지 못하는 상황이니까 아비뇽 주교좌성당이 바로 이 역할을 이어받아야 했습니다. 그래서 아비뇽 시대의 두 번째 교

베네딕토 12세의 무덤.

황이었던 요한 22세는 주교좌성당을 증축하면서 자신의 관이 들어갈 자리를 스스로 만들기에 이릅니다. 억지로 교황청이 옮겨지는 바람에 자신의 무덤을 직접 만들어야 하는 교황의 마음은 복잡미묘했을 겁니다. 교황의 눈물로 지은 주교좌성당인 셈이죠. 그래서인지 성당에는 요한 22세와 그의 후임인 베네딕토 12세만 잠들어 있습니다. 대부분의 교황들은 죽어서도 아비뇽 교황청에 머물고 싶지 않았던 겁니다.

마침내 로마로 복귀한 교황청

아비뇽 교황청 시대는 70년 만에 막을 내립니다. 그사이에 일곱 명의 교황이 즉위하고 생을 마감했습니다. 비록 프랑스 출신 교황들이었지만 언젠가 로마에 꼭 돌아가고 싶은 열망이 강했습니다. 아무리 프랑스의 강한 입김으로 선출된 교황이라 해도 그 역시 가톨릭교회의 수장이기 때문이죠. 그리고 교황 그레고리오 11세는 아비뇽 시대의 막을 내리고 1377년 로마로 복귀했습니다. 이때 가장 큰 영향을 준 인물이 이탈리아 시에나 출신인 카타리나 수녀였어요. 그녀는 교황에게 끊임없이 편지를 보내 로마로 복귀할 것을 주장했습니다. 전통적으로 교황은 로마 교황청에 머물러야 하며

아비뇽 교황청에서 살았던 일곱 교황과 대립 교황의 초상화들.

그 상징적인 자리 자체가 유럽에 평화를 가져다줄 수 있다는 내용이었죠. 실제로 이탈리아 땅은 빈집 신세를 면치 못했습니다. 교황이 없는 틈을 타 신성로마제국이 로마까지 진격했고 이탈리아 귀족들은 분열돼 서로 이권을 놓고 다투기에 바빴거든요.

물론 아비뇽에서는 교황의 로마 복귀를 반대했습니다. 프랑스를 포함해 아비뇽에서 새롭게 성장한 권력층이 적극적으로 반대했죠. 그들은 교황 그레고리오 11세가 로마로 돌아간 뒤에도 포기하지 않고 엄청난 일을 벌입니다. 로마에 있는 교황은 가짜라고 주장하면서 아비뇽에서 새로운 교황(대립 교황)을 선출해버린 겁니다. 결국 교황의 권력은 로마와 아비뇽으로 나뉘게 됐고 이른바 두 교황 시대로 한 세기를 살아야 했습니다. 아픔으로 지어진 아비뇽 주교좌성당과 교황청은 교황이 로마로 복귀한 후에도 아픔으로 메워지고 말았던 거죠.

아픔의 흔적만 남은 아비뇽

아비뇽은 교황이 떠난 뒤 빈 도시가 돼버렸습니다. 치욕의 역사가 아로새겨진 그 장소에 어떤 교황도 다시 가서 살고 싶어 하지 않았죠. 그럼에도 무려 일곱 명의 교황이 살았던 곳입니다. 여전히 그 땅은 교황령에 속해 있었기 때문에 로마 교황청은 아비뇽 주교좌

광장에서 바라본 아비뇽 주교좌성당과 교황청.

폴 시냐크, 〈아비뇽의 교황청〉, 1909년.
왼쪽에 끊어진 생 베네제 다리가 보인다.

성당을 중심으로 가톨릭교회의 종교적 활동이 활발하게 이어지도록 했습니다.

7백여 년이 지난 지금, 아비뇽 교황청은 여전히 단단한 벽과 함께 압도할 만한 위용을 보여주고 있습니다. 건물은 아직도 누군가를 지키고 싶어 하는 듯한 느낌을 주고 있지만, 안쪽에는 아무것도 없는 빈 건물이 돼버렸습니다. 프랑스 혁명을 거치면서 여러 교황의 흔적이 파괴됐고 군대의 요충지로 사용되기도 했거든요. 그래서 지금 아비뇽 교황청을 방문하는 관광객들은 작은 태블릿을 들고 다니며 가상공간을 통해 과거의 모습을 확인할 수 있을 뿐입니다.

아비뇽에서 교황의 흔적을 찾아볼 수 있는 건 요한 22세 교황이 좋아했다고 전해지는 아비뇽 와인뿐입니다. 훗날 이 와인을 생산하는 프랑스인들은 교황이 겪은 모진 시간을 기리며 '샤토네프 뒤 파프Châteauneuf-du-Pape'라고 부르기 시작했어요. 요즘 아비뇽을 방문하는 관광객들은 품질 좋은 와인의 맛을 음미하며 도시의 정취를 즐기겠지만, 저로서는 그 옛날 아비뇽의 교황들이 자신들의 고초를 한 잔의 와인 속에 녹였을 거라고 생각하니 와인의 맛이 약간은 쓰게 느껴지는 것도 같습니다.

한 번 주교좌는 영원히 주교좌!

남프랑스의 주교좌성당들
Cathédrales du sud de la France

이 책을 지금껏 읽어오셨으면 주교좌성당이 무엇인지 이제 이해했을 겁니다. 그래도 다시 한 번 간략히 말씀드리면, 주교좌성당의 주인인 '주교'는 교황이 임명한 가장 높은 성직자 품계(부제품 → 사제품 → 주교품)입니다. 교황이 더 높지 않느냐고 물을 수 있겠지만 교황도 정확하게 따지면 주교품에 속합니다. 교황이라는 지위는 직무에 따른 구분일 뿐이죠. 보통 주교는 교구의 행정구역을 감독하는 교구장직을 수행합니다. 교구장 주교만 앉을 수 있는 상징적 의자가 있는 성당도 존재하죠. 이 성당을 주교좌성당^{Cathédrale}이라고 부릅니다. 한 교구에 딱 한 개밖에 없는 아주 특별한 성당이에요. 주교좌성당도 교황이 직접 지정합니다. 우리나라엔 대표적으로 서울 명동 주교좌성당이 있습니다.

그런데 드물긴 하지만 한 교구에 주교좌성당이 여러 개 있는 경우도 있습니다. 예를 들어 프랑스의 니스 교구는 주교좌성당이 네 개 있고, 아비뇽 대교구엔 여섯 개나 있어요. 이게 가능한 일일까요? 한 교구에 교구장 주교가 여러 명이라는 말일까요? 아니면 교황이 여러 성당을 한 번에 주교좌성당으로 지정한 걸까요? 모두 아닙니다.

한 교구에 주교좌성당이 여러 개 있는 이유는 간단합니다. 교구가 사라져서 구역을 조정했거나 교구가 너무 성장해서 주교좌성당을 새로 지었기 때문이죠. 주교좌성당은 교황이 한 번 지정하면 철회가 불가능합니다. 기존에 쓰던 주교좌성당을 다시 일반 성당으로 돌려놓을 수 없는 거죠. 다시 말해 한 번 주교좌성당은 영원히 주교좌성당이라는 겁니다. 교구에 변화가 생기더라도 주교좌성당은 그 자리에서 꿋꿋하게 지키고 있어야 합니다.

물론 이것이 일반적인 경우는 아닙니다. 주로 가톨릭 신자가 줄어든 유럽에서 나타나고 있는 모습이죠. 유럽은 오래전부터 교구를 통폐합하거나 구역을 재조정해왔습니다. 특히 프랑스 가톨릭교회는 여러 번의 혁명을 거치면서 많은 변화를 겪었죠. 프랑스의 첫번째 그리스도교 공동체인 남부 프로방스 지역에도 교구가 꽤 많이 있었습니다. 약 천8백 년 동안 교구가 계속 생겨난 거죠. 한 지역에 교구가 두 개 이상 존재하기도 했습니다. 교구마다 주교좌성당이 있어야 하니까 주교좌성당 또한 끊임없이 새로 생겼던 거예요. 하지만 18세기 프랑스 혁명을 거치면서 절반이나 되는 교구가 사라졌습니다. 다만 교구라는 행정구역만 없어졌을 뿐 주교좌성당 건물은 없어지지 않았기 때문에 오늘날까지 우리에게 전해지고 있는 것이죠.

이번 이야기는 남프랑스에 수없이 존재하는 주교좌성당들에 관한 이야기입니다. 너무 많아서 다 소개하기는 힘들고 우리가 알 만한 도시를 중심으로 몇 군데를 둘러보도록 하겠습니다.

방스 성모 탄생 주교좌성당

Cathédrale Notre-Dame de la Nativité de Vence

방스는 니스와 칸 사이에 있는 내륙 도시입니다. 우리에겐 방스보다 바로 아래에 있는 생 폴 드 방스가 더 유명할 겁니다. 두 도시가 남북으로 딱 붙어 있긴 하지만 역사적으로 방스가 더 오래된 건 누구도 부정할 수 없죠. 이곳 그리스도교 공동체는 5세기 즈음에 생겼다고 전해집니다. 그리고 곧바로 방스 교구^{Diocèse de Vence}로 지정되면서 주교좌성당도 짓습니다. 성당 이름은 '성모 탄생 주교좌성당'입니다. 성모 마리아의 탄생을 기념하고 있죠. 초창기에 지어진 성당은 작은 규모였지만 점차적으로 증축해 11세기에 이르러 완성됩니다.

방스 교구는 천 년이 넘는 세월 동안 매우 작은 교구로 유지됐습니다. 지역 사람들은 대부분 가톨릭 신자였으며 그 누구보다 신앙생활을 굳건히 이어 나갔다고 해요. 하지만 프랑스 혁명 이후 프랑스 가톨릭교회에 악재로 작용한 두 가지 법이 생깁니다. 성직자기본법(1790년)과 나폴레옹의 정교협약(1801년)입니다. 여기엔 교회의 권한을 대폭 축소시키는 많은 조항들이 들어 있었는데 대표적인 게 교구 수를 줄이는 것이었죠. 당시 150여 개에 이르렀던 프랑스 가톨릭 교구는 법에 의해 강제로 60개 이하로 줄었습니다. 이 와중에 오랜 시간 명맥을 유지해온 방스 교구도 사라집니다.

▲ 방스 주교좌성당 외관.

▼ 방스 주교좌성당 내부.

마르크 샤갈, 〈물에서 건져진 모세〉, 모자이크.

　하지만 방스 성모 탄생 주교좌성당은 지금까지도 남아 있습니다. 남프랑스 특유의 분위기가 물씬해서 관광객들에게 많은 사랑을 받고 있죠. 구불구불한 골목길을 걸어 다니는 재미, 그러다 길을 잃는 당혹스러운 순간, 또 정처 없이 걷다 보면 갑자기 눈앞에 나타나는 지중해 바다! 마치 숨어 있는 보물을 찾는 것처럼 방스 골목을 거닐다 보면 마침내 주교좌성당을 만날 수 있습니다. 으리으리하고 거대한 모습은 아니지만 마을의 정취와 소소하게 어우러져 관광객들을 맞이하고 있죠.

　사실 남프랑스의 숨은 보석처럼 이 성당에도 한 가지 눈여겨볼

만한 보물이 있습니다. 바로 마르크 샤갈의 모자이크 작품 〈물에서 건져진 모세〉입니다. 샤갈이 남프랑스에 자리 잡고 작품 활동을 했다는 건 많은 분들이 익히 알고 있을 거예요. 샤갈뿐만 아니라 앙리 마티스, 파블로 피카소 또한 남프랑스에서 그림의 영감을 얻곤 했죠. 남프랑스가 인상파 화가들에게 굉장히 인상적이었다는 점은 확실해 보입니다.

특히 니스와 아주 가까운 방스 지역은 다양한 색감을 발견하기에 적합한 곳이었어요. 마을 건물엔 남프랑스 특유의 노란빛이 감돌고, 멀리 보이는 지중해엔 푸른빛이, 그리고 마을 바깥의 우거진 숲에서는 온통 초록빛이 일렁였죠. 마르크 샤갈은 이 색감에 반했던 모양이에요. 방스 바로 아래의 생 폴 드 방스에 집을 하나 얻어 작품 활동을 하며 평생을 살았습니다.

성모 탄생 주교좌성당에 있는 샤갈의 작품은 이 알록달록한 색감이 분명하게 드러나는 작품입니다. 한 가지 색깔이 유난히 도드라지는 다른 작품들과 달리 이 모자이크에선 다채로우면서도 굉장히 조화로운 색상을 보여주고 있죠.

앙티브 원죄 없으신 마리아 주교좌성당

Cathédrale Notre-Dame de l'Immaculée Conception d'Antibes

방스에서 지중해 쪽으로 내려가면 앙티브라는 부둣가 도시가 나옵니다. 여기에도 주교좌성당이 있어요. '원죄 없으신 마리아 주교좌성당'이죠. 이 성당이 속해 있던 교구는 그라스 교구^{Diocèse de Grasse}였습니다. 소개하려는 주교좌성당의 지역 이름과 교구 이름이 다르죠? 교구 이름이 한 번 바뀌어서 그렇습니다. 원래 앙티브 교구^{Diocèse d'Antibe}였다가 나중에 그라스 교구로 바뀌었는데 무슨 일이 있었는지 조금 후에 설명할게요. 이 지역의 가톨릭 역사가 살짝 복잡하지만 매우 흥미롭습니다.

앙티브 원죄 없으신 마리아 주교좌성당은 지중해 해변 바로 옆에 세워져 있습니다. 전승에 따르면 이 성당 자리에는 로마 신을 경배하는 신전이 있었다고 해요. 그리고 남프랑스의 성당 대부분이 그랬던 것처럼 로마의 콘스탄티누스 황제가 그리스도교를 공인한 이후 신전을 무너뜨리고 성당을 지은 것이죠. 또 하나의 전승에 의하면 예수 승천 이후 지중해 유역을 돌아다니며 선교하던 사람이 있었습니다. 예수의 직제자는 아니지만 훗날 사도로 불리게 된 성 바오로입니다. 그는 원래 예수를 따르는 추종자들을 박해한 인물이었어요. 그러나 부활한 예수를 만난 이후 회개해 그리스도교를 앞장서서 알리는 사람이 됐습니다. 그 열정이 앙티브까지 미쳤죠.

▲ 앙티브 원죄 없으신 마리아 주교좌성당의 외관.

▼ 멀리 보이는 앙티브 시내와 지중해.

바오로가 스페인으로 가는 도중 이곳에 들러 쉬었다는 일화가 전해지고 있습니다.

이렇게 유서 깊은 도시에 주교좌성당이 빠질 수 없죠. 앙티브 교구는 450년에 설정돼 곧바로 원죄 없으신 마리아 주교좌성당을 지었습니다. 그러나 위치가 너무 좋은 탓(?)에 지중해에 출몰하는 해적들에게 여러 번 수난을 겪습니다. 특히 1124년 사라센(아랍계) 해적들로 인해 성당이 완전히 파괴되고 말죠. 물론 신자들과 여러 귀족들이 성당을 복구하는 데 힘썼지만 해적의 출몰까지 막을 수는 없었습니다. 복구하면 파괴되고 또 복구하면 파괴되는 게 일상이 돼버렸어요.

결국 앙티브 교구장 주교는 교황청과 협의해 주교좌성당을 더 깊숙한 내륙으로 옮기기로 결정합니다. 칸에서 북쪽으로 쭉 들어가면 나오는 산간 동네 그라스로 옮긴 것이죠. 동시에 교구 이름을 그라스 교구로 바꾸고 주교좌성당도 새로 짓습니다. 하지만 앙티브 주교좌성당이 완전히 파괴된 건 아니기 때문에 그라스 주교좌성당을 주 주교좌성당으로, 앙티브 주교좌성당을 공동 주교좌성당으로 지정했죠.

파괴와 재건을 반복한 앙티브 원죄 없으신 마리아 주교좌성당이지만 그 안에 있었던 예술작품은 여전히 건재합니다. 특히 1513년에 성모 마리아의 일생을 그린 그림은 신자들이 떼어내 보호하다가 다시 설치하는 등 극진한 노력으로 지금까지 전해지고 있어요.

성모 마리아의 일생을 그린 제단화, 루이 브레아의 작품으로 추정, 1515년.

특별한 조각상도 있습니다. 예수가 돌아가신 이후 무덤에 시신을
안치했을 때의 장면을 조각한 목각상이죠. 17세기에 만들어진 것
으로 추정되는데 프랑스 혁명 때 또 한 번 파괴된 주교좌성당 잔
해 밑에서 발굴되었답니다. 이 성당은 1801년까지 사용했습니다.
1801년, 아주 익숙한 연도죠? 예, 앞서 얘기한 대로 그해에 실시된
교구 감축 정책에 의해 방스 교구처럼 그라스(앙티브) 교구는 사라
지고 주교좌성당만 지금까지 남게 되었고, 현재 니스 교구에 편입
돼 있습니다.

아를 생 트로핌 주교좌성당

Cathédrale Saint Trophime d'Arles

앞에 소개한 두 주교좌성당은 원래 속해 있던 교구가 사라지고 주교좌성당의 기능도 상실한 채 그저 이름만 유지되고 있습니다. 옛날에 이런 주교좌성당이 있었다는 정도만 전해지고 있죠. 그러나 아를에 있는 '생 트로핌 주교좌성당'은 원래 속해 있던 교구가 사라졌음에도 불구하고 여전히 주교좌성당의 기능을 하고 있습니다. 도대체 왜? 어떤 특별한 이유가 있는지 먼저 아를이란 도시에 대해서 조금 알아보도록 하겠습니다.

아를은 아비뇽 바로 아래에 있습니다. 론 강 하구에 있는 가장 큰 도시로 로마 시대부터 크게 번성한 지방 도시 중 하나였죠. 지금도 남아 있는 로마 시대의 원형경기장과 야외극장, 공중목욕탕 등을 보면 먼 옛날부터 번영을 누린 곳이었다는 건 의심할 여지가 없습니다.

아를은 프랑스에서 손꼽힐 정도로 유명한 가톨릭 도시입니다. 일찍이 그리스도교가 전파됐고 교구를 형성해 큰 공동체로 발전했죠. 지리적으로 생트 마리 드 라 메르가 매우 가깝기 때문이기도 합니다. 생트 마리 드 라 메르는 앞에서 소개한 것처럼 예수와 관계가 깊었던 사람들이 지중해를 건너 도착한 곳이죠. 이뿐만 아니라 트로핌이라는 사람이 아를에 도착해 그리스도교를 적극 전파했다

아를 생 트로핌 주교좌성당.

아를 생 트로핌 주교좌성당 내부.

는 이야기도 전승되고 있습니다.

트로핌은 바오로 사도의 제자이거나 베드로 사도를 이어 제2대 교황으로 즉위한 파비아노 교황이 보낸 선교사라고 하는데, 어느 것이 확실한지는 알 수 없습니다. 1세기에서 3세기 사이에 있었던 일이어서 제대로 남아 있는 기록이 없기 때문이죠. 어찌 됐건 트로핌이 아를에 지대한 영향을 끼치긴 했습니다. 아를의 첫 번째 주교가 됐고, 훗날 그를 기억하기 위해 주교좌성당이 지어졌으니까요. 종교적으로 사회적으로 존재감을 뿜뿜 드러내던 아를은 교황도 감히 무시할 수 없는 지역 공동체였습니다. 가톨릭교회의 가장 큰 성직자 회의라고 할 수 있는 공의회도 여기서 두 번이나 열렸고요.

그런 아를 교구^{Diocèse d'Arles}도 프랑스 혁명의 바람을 피하지 못했습니다. 1801년 교구 재조정을 통해 역사의 한 켠으로 밀려나 기록으로만 남게 되죠. 그럼에도 불구하고 아를 교구의 역사적, 사회적 영향을 인정받아 아를 주교직만은 없애지 않았어요. 교구가 없어졌는데 교구장 자리는 남아 있다니 참 아이러니하긴 하지만 프랑스 정부와 가톨릭교회는 엑상프로방스 대주교가 아를 주교직을 겸하게 했습니다. 그리고 엑상프로방스 대교구는 즉시 이름을 엑상프로방스-아를 대교구^{Archidiocèse d'Aix-en-Provence et Arles}로 바꿔서 지금까지도 엑상프로방스에 상주하는 대주교가 아를까지 관할하고 있죠. 다행히 살아남은(?) 아를의 주교직 덕분에 생 트로핌 주교좌성당도 이름만 주교좌성당에 머물지 않고 제 기능을 계속 수행할 수

▲ 아를 옛 대주교 팔리움.

▼ 대주교의 문장과 함께 있는 아를 주교좌.

있게 된 것입니다.

　그런데 아를 주교좌성당은 교구 역사에 비하면 엄청 오래된 성당은 아닙니다. 겨우(?) 12세기에 지어졌습니다. 5세기에 지어진 초창기 주교좌성당(옛 이름은 생 에티엔 주교좌성당)을 허물고 다시 지었기 때문이죠. 그럴 수밖에 없는 이유가 있었어요. 앞에서 언급한 것처럼 아를은 매우 중요한 도시였습니다. 정치적으로 종교적으로 큰 영향력을 미치고 있었죠. 지금처럼 종교와 정치가 분리되지 않은 시절이기에 아를 주교는 프랑스 왕실에까지 힘을 뻗치고 있었습니다. 그래서 아를 주교좌성당을 지을 때 성당만 떡하니 지은 게 아니라 그 옆으로 각종 관청, 사무실, 주교관, 성직자와 직원들의 숙소를 전부 지었습니다. 일종의 가톨릭 종합 센터를 만든 것이죠.

　건축 양식도 로마네스크 양식을 도입해 웅장하고 엄숙한 분위기를 주려고 했습니다. 특히 주교좌성당 입구에 있는 아치형 조각들은 입이 떡 벌어질 정도로 화려하죠. 구약성경과 신약성경에 씌어 있는 대부분의 이야기를 조각한 것인데, 얼마나 세밀하게 표현했는지 얼굴만 봐도 감정이 느껴질 정도입니다. 아를에서 작품 활동을 한 빈센트 반 고흐는 생 트로핌 주교좌성당 입구를 보고 너무 놀라서 동생에게 이런 편지를 보내죠.

　여기엔 내가 엄청 감탄하고 있는 고딕스러운 정문이 있어. 생
　트로핌 주교좌성당의 정문이야. 그런데 오우, 이 아름다운 조각

고흐가 감탄해 마지않았던 생 트로핌 주교좌성당의 정면 세부.

들이 중국 악몽처럼 얼마나 잔인하고 기괴한지 마치 다른 세계
에서 온 것 같아.

— 1888년 3월 동생 테오에게

또한 아를 생 트로핌 주교좌성당은 산티아고로 향하는 아를 순
례길의 시작점이기도 합니다. 아를 길^{Chemin d'Arles}은 프랑스에서 가
장 남쪽에 있는 대표적인 순례길이죠. 생장피에드포르 마을을 거
치지 않고 곧바로 스페인 푸엔테 라 레이나^{Puente la Reina}라는 도시를
거쳐 프랑스 길과 합쳐집니다. 요즘 프로방스 지역에서는 아를 길
의 역사적 의미를 재조명하고 길을 재정비해 남프랑스 사람들이 웬
만하면 아를 길을 이용해 산티아고로 향하기를 권장하고 있습니
다. 동시에 아를 주교좌성당에 순례자 센터를 설치해 많은 순례자
들을 기다리고 있죠. 그 옛날 종교적으로 큰 영향을 끼쳤던 아를의
영광을 다시 이어 나가려는 노력으로 보입니다.

끊임없이 변화하는 교회

프랑스 가톨릭교회의 교구 재조정은 최근까지도 진행되고 있습
니다. 다행히 정부에 의해 재조정되는 게 아니라 시대의 필요에 따
라 자발적으로 진행되고 있죠. 1966년에는 수도권 인구 과밀화 현

상을 해결하려고 파리 교구를 여러 교구로 나눴습니다. 새로운 교구들이 여럿 탄생하면서 새로운 주교좌성당도 많이 만들어졌죠.

2010년에도 다시 한 번 교구를 재조정했습니다. 신자 수가 많이 줄어서 도저히 독립된 교구로 두기엔 관리가 어려웠기 때문이죠. 앞에서 살펴본 것처럼 주교좌성당의 지위를 잃은 곳도 있고 공동으로 주교좌성당 지위를 유지한 곳도 생겼습니다. 이처럼 가톨릭 교구는 지금도 계속해서 생겨나고 있고 또 사라지고 있습니다. 하지만 변하지 않는 게 딱 하나 있는데 바로 주교좌성당입니다. 한 번 주교좌성당은 끝까지 주교좌성당이기 때문입니다.

희망의 기적이
끊임없이 일어나는 곳

루르드 원죄 없으신 마리아 대성전
Basilique de l'Immaculée Conception de Lourdes

만약 길을 지나가는데 정체 모를 여인이 빛을 뿜으며 다가왔다면 어떻게 하시겠어요? 또 오랫동안 불치병을 앓고 있는 사람이 하루아침에 쾌차했다면 믿으시겠어요? 애초에 불가능하다고 믿는 일이 실제로 일어나는 것, 사람에게 절대로 일어날 수 없는 일인데 과학적으로도 설명할 수 없는 것, 이것을 기적이라고 부릅니다.

우리는 가끔 내 삶에 기적과 같은 순간이 일어나기를 바라며 살고 있습니다. 기적은 희망을 가져다주는 빛줄기죠. 그런데 가톨릭 교회에선 기적이 존재한다고 어느 정도 인정합니다. 물론 의사들의 과학적인 검증 등 엄청나게 까다로운 심사를 거쳐서 교황이 최종적으로 인정해야 하지만요. 피레네 산맥 자락에 위치한 루르드는 그 인정을 받은 마을입니다. 그래서 치유의 마을, 기적의 마을로 유명하죠. 가톨릭 신자라면 모르려야 모를 수 없는 곳입니다.

루르드에선 매일 저녁마다 기다란 초를 들고 어딘가로 향하는 사람들을 만날 수 있습니다. 마치 약속이나 한 듯 매일 똑같은 풍경이 펼쳐지죠. 사람들 손에 들린 그 많은 초가 어디서 났는지 모르겠습니다. 어쩌면 상점에서 사거나 성당의 기부함에 돈을 넣고 가져오기도 했을 겁니다. 그렇게 가져온 초에 불을 붙여 오밀조밀 서 있으면 어느샌가 어두운 밤은 물러가고 환한 빛으로 가득해집니다. 기가 막힐 정도로 아름다워요. 게다가 웅장한 노래까지 부르죠. 라틴어, 프랑스어, 영어, 스페인어 등 같은 멜로디에 여러 나라 말로 노래를 부르는데 왠지 모르게 이해할 수 있을 것 같습니다.

그리고 안내자의 인솔에 따라 한 시간 동안 행진을 하고 나선 아주 큰 성당 앞 광장에 모여 기도를 합니다. 사람들이 얼마나 많은지 셀 수 없을 정도입니다. 한 손엔 촛불을, 다른 한 손엔 묵주를 들고 한 알 한 알 굴리다 보면 이윽고 기도의 막바지에 이르고 사람들은 뿔뿔이 흩어집니다. 이게 루르드의 아주 평범한 저녁 모습이에요. 눈이 오나 비가 오나 또 바람이 세게 불어도 이 기도 행렬은 멈추지 않습니다. 과연 루르드에 무슨 일이 있었던 걸까요? 희망의 기적들이 끊임없이 일어나는 곳, 그 자리에 세워진 '묵주의 어머니 대성전 Basilique Notre-Dame-du-Rosaire de Lourdes'을 소개하겠습니다.

대성전 앞에 촛불을 들고 몰려든 사람들.

장작 주우러 갔다가 만난 여인

작은 시골 마을인 루르드가 일약 유명한 마을이 된 데에는 베르나데트 수비루^{Bernadette Soubirous}라는 소녀가 중심에 있습니다. 베르나데트는 루르드의 가난한 가정에서 자랐습니다. 극심한 빈곤 때문에 제대로 먹지 못한 나머지 또래보다 훨씬 작은 체구로 살았죠. 병치레도 잦았어요. 교육도 충분히 받지 못했고 프랑스 사람인데도 프랑스어를 제대로 하지 못했죠. 그저 하루하루의 삶을 간신히 살아갈 뿐이었습니다.

그러다 1858년 2월 11일 겨울, 베르나데트는 평소처럼 화로에 사용할 장작을 주우러 다녔습니다. 어느덧 마사비엘 동굴에 다다랐을 때 갑자기 빛이 나는 걸 발견합니다. 그리고 동굴의 틈 사이에서 한 여인이 나타났죠. 그녀는 희고 긴 드레스에 푸른 띠를 두르고 어깨까지 내려오는 베일을 쓴 모습이었어요. 베르나데트는 너무나 놀랐지만 빛보다 더 빛나고 아름다운 여인의 모습에 이끌려 묵주를 꺼내 기도하기 시작했습니다. 그리고 기도를 끝마치자 여인은 홀연히 사라졌죠. 호기심이 많았던 베르나데트는 그 후 수차례 동굴을 더 찾아갔습니다. 의문의 여인이 다시 나타났죠. 세 번째로 나타난 날, 여인은 베르나데트에게 앞으로 2주 동안 매일 이곳에 오라고 요청합니다.

베르나데트는 여인이 누구인지 알 수 없었고 유령이라고도 생각했지만 점차 성모 마리아라는 확신이 들었습니다. 그러나 베르나데트의 이야기를 들은 마을 어른들과 사제들, 특히 베르나데트의 부모는 그녀의 말을 믿지 않았어요. 오히려 혹세무민하지 말라며 혼내기도 하고 어떤 사람들은 그녀가 자주 아프더니 정신적으로 문제가 생긴 게 아니냐며 수군거리기도 했어요. 하지만 일부 사람들은 베르나데트의 말이 진실일지도 모른다는 생각에 마사비엘 동굴까지 동행했습니다. 처음에는 수십 명이 함께했다가 나중엔 수천 명의 사람들이 베르나데트를 따라나서게 됐죠. 이 때문에 루르드 시에서는 동굴을 폐쇄하고 어린 소녀인 베르나데트를 감금해버립니다.

◀ 베르나데트 수비루의 생전 모습.

▶ 베르나데트의 생가.

그럼에도 베르나데트는 의문의 여인과 한 약속을 지키려고 노력했습니다. 매일 마사비엘 동굴에 들러 여인을 만났는데 총 열여덟 차례나 만났죠. 아홉 번째 만남에서 여인은 그녀에게 또 다른 요청을 합니다. "여기 있는 흙을 파내 나오는 물을 마시고 몸을 씻어라." 베르나데트가 흙을 파내자 갑자기 맑은 샘물이 솟아나기 시작했어요. 그녀는 이 물이 죄인들의 속죄를 위한 것이라고 사람들에게 말했죠. 열세 번째 만남에서는 여기에 성당을 짓고 매일 기도해야 한다는 요청을 받습니다. 드디어 열일곱 번째 만남에서야 의문의 여인은 자신의 정체를 밝히죠. 처음에는 옅은 미소만 지을 뿐 베르나데트의 말에 아무런 대답을 하지 않았습니다. 하지만 당신은 누구시냐고 네 번째로 물었을 때 여인의 입에선 이런 말이 흘러나왔죠. "나는 원죄 없으신 잉태다."

베르나데트는 이 말을 듣고 곧장 동네 사제에게 갔습니다. 그리고 그 여인에게서 듣고 이해한 것들을 말하기 시작했죠. 사제는 매우 놀라지 않을 수 없었습니다. 분명 베르나데트는 학교 교육을 제대로 받지 못했는데 어떻게 이런 말을 할 수 있는지 말이죠. 무엇보다 '원죄 없으신 잉태'라는 칭호는 '예수를 품었던 어머니 마리아는 태어날 때부터 죄가 없다'는 중요한 가톨릭 교리를 뜻하는데, 이 어려운 신학적 개념을 겨우 열네 살 소녀가 알 리 없었습니다. 게다가 이것은 겨우 4년 전에 교황청에서 발표한 교리였죠. 믿기 어려운 일들이 연달아 일어나자 가톨릭교회는 난리가 났습니다. 앞에서도 언급했지만 어떻게도 설명할 수 없는 기적, 즉 '사적 계시'는 종교생활에서 매우 위험합니다. 왜냐하면 숭배돼야 할 대상이 자칫 엉뚱한 사람에게 향하면 기존에 믿고 있던 종교적 가치가 크게 훼손되기 때문이에요.

그래서 루르드 지역 교회뿐만 아니라 교황청도 나서서 이 사건을 면밀히 조사하고 증언을 수집했습니다. 베르나네트가 어린 나이라서 헛것을 본 것은 아닌지, 자라온 가정환경은 어떠했는지 등 환시를 본 당사자의 사적인 영역까지 세세히 알아봤고, 무엇보다 종교적 현상이라고 주장하는 이 사건이 새로운 종교를 만들려는 시도는 아닌지, 기존의 가톨릭교회 교리에 어긋나지는 않는지 신학적인 조사도 실시했습니다. 마침내 1862년 루르드 지역을 관할하는 타르브 교구장 주교는 이 사건을 공식적으로 '장애 없음'이라고 선포하고 성모 마리아가 우리에게 모습을 드러냈다고 인정합니다.

여인의 바람대로 세워진 세 개의 대성전

루르드는 프랑스뿐 아니라 서유럽에서 가장 유명한 마을이 됐습니다. 성모 마리아가 베르나데트 수비루에게 나타난 마사비엘 동굴은 늘 사람들로 북적였죠. 타르브 교구는 성모 마리아가 요구한 것을 바로 실행하기로 합니다. 두 사람이 열세 번째로 만났을 때 오갔던 대화, 즉 성당을 짓고 매일 기도하라는 요청 말입니다. 그런데 공사를 하려고 첫 삽을 떠보니 큰 문제점이 있었습니다. 모름지기 건물은 평탄한 땅 위에 지어야 튼튼하고 건축비도 아낄 수 있는데 여긴 동굴이었거든요. 요즘 건축 기술로는 절벽에도 건물을 지을 수 있겠지만 백 년도 더 전에 어떻게 동굴에 건물을 쌓아 올릴 수 있겠어요.

하지만 성모 마리아의 제안은 거절할 수 없는 법! 당대의 모든 건축 기술과 전문가를 동원해 성당을 짓기 시작했습니다. 자연 암석을 다듬어 지반을 단단하게 하는 작업만 수년이 걸렸죠. 게다가 천문학적인 건축 비용도 지불해야 했습니다. 다행히 루르드는 당시 가장 유명한 마을이었기 때문에 프랑스 가톨릭교회뿐만 아니라 해외에서도 건축비를 지원해주었어요. 성당 건축은 1862년에 시작해 1871년에 끝났습니다. 약 십 년간 이어진 것이죠. 성당 이름은 성모 마리아가 직접 자신을 소개한 호칭을 따왔습니다. '루르드 원죄 없으신 마리아 대성전', 이게 첫 번째 성당의 이름입니다. 대성전은 루르드 어디에서도 보일 수 있게끔 높고 웅장하게 지어졌습니다. 하지만 너무 튀지 않게 그 동네에서 가장 흔하게 쓰이는 회색 돌을 이용해 동네의 분위기와 조화를 이루도록 했죠.

동시에 방문하는 사람들을 위해서 기도 공간도 따로 마련했습니다. 바로 성모 마리아가 베르나데트에게 나타났던 마사비엘 동굴에 야외 경당을 간단하게 꾸며놓은 것이죠. 성모 마리아가 처음 빛

루르드 원죄 없으신 마리아 대성전의 외부와 내부.

마사비엘의 발현 동굴.

을 내며 나타났다는 동굴의 틈 바로 밑으로 미사를 드릴 수 있는 제대를 놓았고 그 앞으로는 신자들이 앉아서 기도할 수 있는 의자를 설치했습니다. 그리고 베르나데트가 성모 마리아를 만난 곳, 기도를 했던 곳 등 성스러운 자리마다 바닥에 그 사실을 새겨놓았어요. 이 동굴은 '마사비엘의 발현 동굴La Grotte des Apparitions à Massabielle'이라고 해서 지금도 이곳을 찾아오는 순례자들에게 가장 사랑받는 장소입니다.

저도 좋은 기회에 이 동굴에서 미사를 드릴 기회가 있었습니다. 신부님 옆에서 미사를 보조하는 복사 역할을 맡았는데 한 시간 동안 동굴 안에서 머물렀죠. 책으로만 봤던 기적의 내용을 직접 눈으로 확인하니 미사 내내 소름이 돋았고 어떻게 성모 마리아가 나타나셨는지 온갖 상상을 했던 기억이 납니다. 미사가 끝나고 나서 어떤 신자가 저에게 웃으며 이런 말을 하더군요.

"미사 내내 왜 이렇게 두리번거렸던 거예요? 그렇게 동굴이 좋았어요?"

저는 곧바로 이렇게 대답할 수밖에 없었죠.

"그럼요! 성모 마리아가 나타나셨다는 동굴 틈을 찾느라 정신없었다고요!"

원죄 없으신 마리아 대성전을 짓고 마사비엘 동굴을 기도 공간으로 꾸며놓았지만 끊임없이 몰려드는 순례자들을 다 수용할 수는 없었어요. 그래서 성모 마리아와 베르나데트가 만난 지 25주년

▲ 화려한 금빛 모자이크가 빛나는 묵주의 성모 마리아 대성전 입구.

▼◀ 지하에 지은 묵주의 성모 마리아 대성전.

▼▶ '파르 마리, 아 예수'가 새겨진 모자이크.

이 됐을 때 새로운 성당을 하나 더 지었습니다. 마사비엘 동굴 안쪽을 깊이 파서 첫 번째 대성전 바로 아래에 지하 대성전을 건설한 겁니다. 이름은 노트르담 드 로사리오Basilique Notre-Dame du Rosaire, 우리말로 '묵주의 성모 마리아 대성전'으로 정했습니다. 베르나데트가 성모 마리아를 처음 만났을 때 자기도 모르게 묵주기도를 했던 것처럼 루르드를 방문하는 신자들이 묵주기도를 더욱 열심히 바치기를 바라는 마음을 담은 명칭이죠.

두 번째 대성전은 입구부터 화려한 모자이크로 장식돼 있습니다. 내부도 온통 모자이크 천지입니다. 예수의 생애와 관련된 묵주기도의 스무 가지 주제를 표현한 거예요. 제단에는 아주 중요한 말이 씌어 있습니다. '파르 마리, 아 예수!Par Marie, À Jésus!' '마리아를 통해 예수에게로!'라는 뜻입니다. 가톨릭교회는 엄연히 예수를 그리스도로 믿는 종교이기 때문에 성모 마리아를 신앙의 대상으로 삼지 말라는 메시지죠. 가끔은 성모 마리아를 예수와 동급의 신으로 여기는 신자들이 있어서 가톨릭교회는 마리아교가 아니냐는 오해를 받기도 합니다.

여하튼 묵주의 성모 마리아 대성전이 완공되면서 지금의 루르드 모습이 완성됐어요. 두 개의 대성전 앞에 큰 광장을 만들고 광장엔 마치 신자들을 품어 안는 것처럼 회랑을 세웠죠. 바로 여기서 밤마다 사람들이 촛불을 들고 행진을 하며 기도를 하는 겁니다.

마지막으로 세 번째 대성전이 1958년에 지어졌습니다. 루르드

▲ 성 비오 10세 대성전 위를 덮고 있는 둥근 형태의 잔디밭.

◆ 성 비오 10세 대성전의 내부.

▼◀ 성 비오 10세 모자이크.

는 워낙 작은 마을이고 곳곳에 언덕과 산이 있기 때문에 더 이상 성당을 지을 수 없었어요. 게다가 성모 마리아가 나타난 동굴에서 멀리 떨어진 곳에 짓는 건 상상도 못 할 일이었죠. 그래서 아예 지하에 대규모 성당을 짓기로 합니다. 성모 마리아와 베르나데트가 만난 지 백주년이 된 해를 기념해서 말이죠. 성당 이름은 '성 비오 10세 대성전^{Basilique Saint-Pie-X}'으로 지어졌습니다. 성 비오 10세는 베르나데트가 살아생전에 재위했던 교황이에요. 그는 20세기의 혼란스러운 세상에서 가톨릭교회를 적극적으로 개혁한 인물입니다. 지켜야 할 것은 철저하게 지키고 악습과 폐단은 과감하게 내다버린 용기 있는 교황이었죠. 특히 신앙생활의 기본인 기도와 전례를 적극적으로 권유했습니다.

　루르드가 이 교황의 이름으로 대성전을 지은 이유는 딱 한 가지입니다. 루르드를 방문한 사람들이 점점 세속화하는 세상에 빠지지 말고 더욱 기도 생활과 미사 참여에 적극적이었으면 좋겠다는 염원을 담으려 한 것이죠. 그래서 지금까지 루르드에서는 가장 중요한 미사와 기도 행사를 성 비오 10세 대성전에서 하고 있습니다.

대성전에 새겨진 유일한 외국말

　루르드는 더 이상 작은 마을이 아닙니다. 전 세계 사람들이 찾아와 기도하는 성지로 탈바꿈했죠. 우리나라 가톨릭교회 신자들도 꽤 찾아가는 곳입니다. 특히 산티아고 순례길을 나선 순례자들 중 상당수가 종교를 불문하고 루르드 성지를 방문합니다. 건강하게 잘 걷기를 바라는 기도를 올리기 위해서죠. 그런데 루르드 성지는 우리나라와 깊은 관련이 있는 곳이기도 합니다. 150년 전에 일어난 사건이 어떻게 우리나라와 관련되는지 궁금하시죠? 먼저 루르드에 첫 번째로 지어진 원죄 없으신 마리아 대성전의 내부를 살펴봐야겠습니다.

제단을 제외하고 양옆 벽에는 대성전을 짓기 위해 기금을 봉헌한 사람들의 이름이 붙어 있습니다. 새 성당을 지을 때 사람들의 소망을 담아 하느님께 봉헌하는 일종의 전통이죠. 우리나라에서도 성당을 지을 때 신자들의 이름을 새겨서 벽을 채우고 또 그들이 기부한 기금으로 성당을 짓기도 했습니다. 매일 미사가 거행되는 성당에 영구적으로 자신의 이름이 새겨진다면 얼마나 영광스러운 일일까요! 그 벅찬 마음이 루르드의 첫 번째 대성전에도 가득 새겨져 있는 것이죠. 그런데 한참을 둘러보다 보면 이 이름들이 뚝 멈추고 웬 큰 대리석이 나옵니다. 거기에 이렇게 씌어 있습니다.

성총을 가득히 닙우신 마리아여 네게 하례하나이다.

한글입니다. 뜬금없이 우리말로 새겨진 글씨가 있습니다. 그 옆엔 라틴어로 이런 말도 씌어 있습니다.

조선 반도의 선교사들이 바다에서 심한 풍랑으로 고생하던
중 원죄 없으신 동정 마리아의 도우심으로 구원되었음을 기념
하며 서약에 따라 감사드리는 마음으로 루르드 대성전에 이 석
판을 설치한다. 1876년.

어떻게 된 일일까요? 우리나라 가톨릭교회는 신자들이 스스로
세운 공동체이긴 하지만 프랑스 사제들이 교회의 골격을 세웠다고
해도 과언이 아닙니다. 루르드 사건이 일어났을 때 우리나라는 펠
릭스-클레르 리델^{Félix-Clair Ridel} 주교가 명동 주교좌성당을 지키고
있었어요. 그는 루르드에서 일어난 소식을 듣고 매우 감격했습니
다. 왜냐하면 전임 주교인 앵베르 주교가 1838년 우리나라를 원죄
없으신 마리아에게 맡기며 수호성인으로 선포했기 때문이죠. 교
황이 원죄 없으신 마리아 교리를 선언하기 전이며, 루르드에서 성
모 마리아가 나타나기 전입니다. 그랬기 때문에 리델 주교는 자신
이 맡고 있는 조선 교회와 루르드가 오래전부터 깊은 관련이 있을
거라고 생각했을 겁니다. 그래서 박해 기간 동안 목숨을 잃은 동료
프랑스 사제들과 조선 신자들을 기억하며 루르드에 석판으로 새긴
것입니다.

대구에는 루르드 마사비엘 동굴과 똑같이 생긴 곳이 있습니

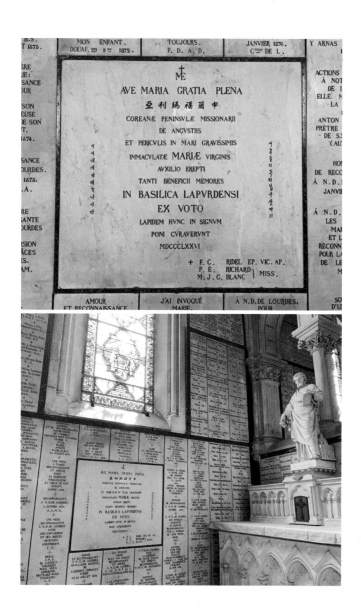

우리말이 새겨진 석판.

다. 바로 대구 시내 한가운데에 있는 성모당입니다. 대구 대교구청 안에 위치한 성모당은 당시 대구 주교였던 플로리앙 드망주Florian Demange 주교가 만들었어요. 1911년 그는 대구의 첫 주교로 임명되자마자 교구의 수호성인으로 루르드의 성모 마리아를 선택했습니다. 그리고 교구의 기초가 되는 주교좌성당, 신학교, 교구청을 짓게 된다면 마사비엘 동굴과 똑같이 만들어서 봉헌하겠다고 약속했죠. 모든 소원이 이뤄졌을 즈음 성모당은 1918년에 완공됩니다.

치유의 기적을 일으키는 샘물

루르드가 유명해지고 또 많은 사람들의 주목을 받게 된 것은 비단 성모 마리아가 나타난 것 때문만은 아닙니다. 갑자기 땅에서 솟은 맑은 샘물도 한몫했죠. 사람들은 이 물을 기적의 샘물이라고 부릅니다. 왜냐하면 물을 마시거나 씻는 행위를 통해 불치병이 치유되는 기적이 여러 번 일어났기 때문이에요. 지금까지 수천 건의 기적 사례가 보고됐지만 가톨릭교회는 단 70건만 인정했습니다. 기적에 의문을 갖지 않게 하기 위해 의사들이 의료와 과학 기술을 이용해 검증한 결과죠.

첫 번째 기적은 1858년 카트린Catherine Latapie에게 일어났습니다. 그녀는 오래전부터 팔이 마비된 채 살고 있었고 도무지 고쳐질 기미가 보이지 않았어요. 어느 날 그녀는 이웃 동네인 루르드에서 일어난 일을 전해 듣게 됩니다. 그러곤 한걸음에 달려가 팔을 물에 담갔고 곧바로 근육이 이완돼 마비가 풀렸죠.

최근에 일어난 믿기 힘든 기적도 있습니다. 베르나데트 모리오 Bernadette Moriau 수녀는 40년간 허리 통증을 앓으며 하반신 마비로 살았습니다. 2008년 그녀는 루르드로 순례를 떠났고 남들이 다 하는 것처럼 샘물을 마시고 대성전과 동굴에서 기도를 바쳤죠. 모리오 수녀는 '치유되기보다 환자로서 나의 삶을 살아가기를' 바라는 기도만 올리고 돌아왔다고 합니다. 그런데 갑자기 자신을 지탱해주던 의료 기구를 떼어내고 벌떡 일어나 걷기 시작했어요. 통증도 말끔히 사라졌죠. 가톨릭교회는 수년에 걸쳐 이 일을 면밀히 조사하고는 2018년에 70번째 기적으로 인정했습니다.

수천 건 중 단 70건만 기적으로 인정받았지만 기적이 일어났다는 사실은 변함이 없습니다. 그래서 그런지 사람들은 루르드에 가면 샘물부터 찾아 마십니다. 목이 마르지 않는데도 그냥 물을 마십니다! 이뿐만이 아니에요. 마사비엘 동굴 바로 옆에는 수십 개의 욕조가 설치돼 있습니다. 여기에 기적의 물이 담겨 있는데 사람들은 잠깐이라도 몸을 담그고 나옵니다. 물론 남녀가 따로 분리돼 이용하고 있죠. 기적의 샘물이라는 명성 때문에 한 시간은 기본이고 하루 종일 기다려 몸을 담그는 사람들도 있습니다.

잠깐 이런 상상을 해볼 수 있을 것 같아요. 내가 루르드에 사는

루르드 마을 전경.

주민이라면 굳이 물을 사 먹지 않아도 되지 않을까 하고 말이죠. 실제로 그렇게 하는 주민들이 있습니다. 이유가 종교적이든 그렇지 않든 루르드 주민들은 매일매일 기적의 물을 큰 양동이에 받아서 일상생활에 사용합니다. 언젠가 제가 이 이야기를 듣고 이런 말을 한 적이 있어요.

"이 마을 사람들에겐 매 순간이 기적이겠네!"

하지만 루르드에서 마켓을 운영하는 사람들에겐 기적이 아닐 수도 있을 거예요. 가장 팔리지 않는 품목이 바로 생수니까요! 참 재미있는 일이죠?

어쩌면 진짜 기적은 이것인 것 같습니다. 사람들이 이렇게 물을 많이 쓰고 있는데도 150년이 넘는 세월 동안 샘물이 단 한 번도 마르지 않았다는 것, 그리고 루르드를 찾아온 사람들에게 촉촉한 생기를 불어넣어 주고 있다는 것 말이죠. 샘물은 지금까지도 여전히 청정함을 유지한 채 철철 솟아나고 있습니다. 그리고 모든 사람들에게 희망을 안겨주고 있죠. 기적이 뭐 따로 있나요? 기적을 찾아온 사람들, 기적을 체험한 사람들 등 루르드를 방문한 모든 사람들이 머금고 가는 밝은 표정도 기적이 아닐까요.

비안네 신부가 잠든 작은 성당

아르스 대성전
Basilique d'Ars

2009년 6월, 베네딕토 16세 교황은 '사제들의 해Year for Priests'를 선포했습니다. 그리고 프랑스의 한 사제를 언급했는데 간단히 요약하자면 "이분처럼 한번 멋들어지게 살아보자"라는 내용이었어요. 가끔 사제들이 자신의 본분을 망각하고 잘못을 저지르는 경우가 있고, 무엇보다 현대 사회에서 젊은이들은 더 이상 사제가 되고 싶어 하지 않죠. 그래서 교황은 사제직이 얼마나 소중한지 세상에 알리고자 했습니다. 이미 그 길을 걷고 있는 사제들을 독려하면서도 부족한 점을 채워주려고 한 겁니다.

사랑하는 사제 여러분, 그리스도께서는 여러분을 믿고 계십니다. 아르스 본당 신부의 뒤를 따라, 여러분도 그리스도만을 섬기십시오. 그럴 때 여러분은 우리가 사는 이 세상에서 화해와 평화, 희망의 선포자가 될 수 있습니다.

— 2009년 6월 16일 교황 베네딕토 16세

베네딕토 16세 교황이 언급한 본당 신부는 바로 성 요한 마리아 비안네Sanctus Joannes Maria Vianney 신부였습니다. 사실 사제의 해도 이분의 탄생 150주년을 기념해 이뤄진 것이었죠. 교황이 이토록 한 신부를 콕 집어 말씀하신 것은 비안네 신부가 전 세계 주임신부●들의 주보성인이기 때문입니다. 주보성인은 수호성인이라고도 하는데 신앙인으로 세상을 살다가 천국에 들어간 분이 특정한 개인이나

● 주교가 한 성당의 관할 구역 책임자로 임명한 사제.

마을 속에 자리 잡은 아르스 대성전.

단체 혹은 직업에 종사하는 사람들을 지켜주고 기도해주는 역할을 하죠. 비안네 신부는 곧 전 세계 모든 성당에서 주임으로서 사제 직을 수행하고 있는 신부(주임신부)들의 수호성인인 것입니다.

비안네 신부는 분명 큰 추앙을 받을 만한 위치에 있었습니다. 그러나 마을 사람들은 그를 기리기 위한 어떠한 미사여구도 덧붙이지 않았어요. 보통 한 사람이 유명해지면 동네를 난개발하고 관광 상품으로 만들려고 하잖아요. 여기서는 그렇게 하지 않았습니다. 크고 높은 성당을 짓지도 않았고 비안네 신부가 살았던 동네를 관광지로 만들지도 않았죠. 그래서 그런 걸까요? 순례자의 대부분을 차지하는 사제들의 소감은 한결같습니다. 비안네 신부가 일했던 성당과 그가 살았던 집에서 따뜻함을 느꼈다고요. 평생 가난하고 소박하게 살았던 신부를 따라 작지만 기품 있는 모습으로 지은 성당, 사제들이 비빌 언덕과 같은 '아르스 대성전'을 소개합니다.

바보 소년이 신부가 되기까지

먼저 성 요한 마리아 비안네 신부의 삶을 잠깐 들여다보겠습니다. 삶이 아주 기구해요. 비안네는 1786년 프랑스에서 태어났습니다. 어린 시절은 프랑스 혁명을 온몸으로 겪을 수밖에 없었고 많은 사제들이 혁명군에게 붙잡혀 살해당하는 걸 빈번히 지켜봐야 했죠. 난세에 영웅이 탄생한다고 하던가요? 어린 비안네의 눈에 사제들은 영웅이었습니다. 혁명가들의 눈을 피해 사제의 역할을 충실히 다하고자 하는 그들의 모습이 꽤 멋져 보였습니다.

이때 그는 사제가 되기로 결심합니다. 어지러운 세상에서 사제들의 활동은 큰 희망이었고 자신도 그 희망의 불씨가 되고 싶었죠. 마침내 1813년 비안네는 신학교에 입학했지만 그리 똑똑한 편이 아니어서 공부를 잘하지는 못했습니다. 특히 가톨릭교회의 공식 언어인 라틴어를 꽤 어려워했죠. 당시 사제 양성 기관인 신학교에서는 라틴어로 수업을 진행했기 때문에 비안네는 수업 내용을 제대로 이해할 수 없었어요. 결국 학력 미달자로 판단돼 신학교에서 쫓겨났습니다. 낙제한 것이죠. 그러나 비안네 곁에는 발레^{Balley} 신부가 있었습니다. 발레 신부는 비안네의 귀인이었어요. 그는 비안네의 인품과 신앙을 학식보다 높게 평가했고 교구 최고 책임자인 주교에게 그에게 사제가 될 기회를 다시 줘야 한다고 요청했습니다. 동시에 직접 공부도 가르쳤죠. 이런 경우가 흔하지는 않지만 진심은 통했습니다. 주교는 비안네에게 모국어인 프랑스어로 사제 자질에 관한 평가를 받게 했고 1815년 여름에 요한 마리아 비안네는 사제가 될 수 있었습니다.

시끌벅적한 작은 마을 아르스

비안네 신부가 유명해지기 시작한 건 리옹에서 손 강을 따라 올라가면 나오는 아르스에 부임했을 때부터입니다. 아르스는 그의 두 번째 부임지였어요. 아르스는 매우 작은 마을이었고 사람들은 아주 세속적인 삶을 살고 있었습니다. 낮에는 술독에 빠져 있다가 밤에는 유흥으로 향락을 보내느라 여념이 없었죠. 당연히 성당엔 발길조차 주지 않았습니다.

비안네 신부는 결코 절망하지 않았어요. 쓰러져 가는 아르스 성당을 고쳐 짓고 사제의 의무를 이어 나갔죠. 특히 스스로 희생 행위를 통해 신자들이 다시 회개하고 성당으로 돌아오기를 바랐습니다. 참고로 가톨릭교회에서 희생은 자신과 다른 사람을 위해 공덕을 베풀 수 있는 실천의 하나입니다. 이를 위해 비안네 신부는 자주 단식했고, 식사를 하더라도 감자와 빵으로 허기를 채웠어요. 자신에게 불필요한 것은 가난한 사람들에게 다 나눠주었고, 자신은 딱딱한 합판에 누워 잠을 자기도 했습니다.

이뿐인가요? 기도 생활도 잊지 않았습니다. 하루에 열 시간 가까이 자신과 공동체, 마을 사람들을 위해 끊임없이 기도했죠. 그는 신부지만 성당 안에만 머물지 않고 끊임없이 마을 사람들 사이로 들어가려고 했습니다. 잘못된 행위는 꾸짖고 성당에 와서 자신의 죄를 고백하라고 했습니다. 지성이면 감천이라고, 마을 사람들은 비안네 신부의 한결같은 모습에 점차 감화됐고, 수년간의 노력 끝에 매주 일요일이면 성당에 마을 사람들이 바글바글 모여들기 시작했죠.

고해성사로 유명해진 비안네 신부

고해성사라고 들어보셨죠? 가톨릭교회에선 사람들이 지은 죄를 사제를 통해 하느님께 고백하고 용서받게끔 하는 예식이 있습니다. 작은 골방 같은 데에서 신부님과 칸막이를 맞대고 죄를 고백하는 겁니다. 그러면 사제는 다시는 그 죄를 짓지 않도록 충고해주고 하느님의 이름으로 용서하는 기도문을 읊습니다. 마지막으로 죄에 대한 보속으로 자선 행위, 기도와 같이 일상에서 할 수 있는 실천을 하라고 권고하죠. 아르스 마을 사람들은 자신이 신앙을 등지고 살았던 삶을 회복하기 위해 고해성사를 하러 성당으로 차츰차츰 찾아왔습니다. 비안네 신부도 사람들의 마음을 헤아리고 어느 때든 상관없이 신자들을 만났죠.

그런데 가끔은 신자들이 솔직하게 고백하지 못하는 경우도 있었습니다. 아무리 하느님께 죄를 고백한다지만 자신의 치부를 드러내는 게 쉬운 일은 아니잖아요. 하지만 고해성사는 진심에서 우러나온 마음으로 죄를 고백하는 것! 아무리 고해성사를 통해 죄를 고백하더라도 먼저 선행돼야 할 것은 스스로 죄를 반성하는 마음, 이런 양심 성찰이 필요했습니다. 비안네 신부는 죄를 솔직하게 고백하지 못하는 신자들의 마음을 헤아릴 수 있었지만 행위의 본질을 흩트릴 수는 없었겠죠. 그래서 일부 신자들에게는 죄를 용서한다는 기도문(사죄경)을 읊지 않았습니다. 신자들이 더욱더 양심적으로 자신을 되돌아볼 수 있는 기회를 주려고 했던 거죠.

비안네 신부가 고해성사를 성심성의껏 한다는 소문은 삽시간에 퍼져 나갔습니다. 리옹뿐만 아니라 프랑스 전역에서 사람들이 이 작은 마을 아르스로 몰려들었죠. 매일 수십 명이, 한 해에 약 2만 명이 찾아올 정도였어요. 그는 이 모든 사람들을 내치지 않고 자신의 힘이 닿는 데까지 고해성사를 들어줬습니다. 무려 하루에 18시간 동안요! 잠자는 시간 딱 4시간만 빼고는 매일 신자들에게 고해성사를 준 겁니다. 아르스는 고해성사를 하러 온 신자들로 인산인해를 이뤘죠. 그리고 아스르 성당은 양심을 성찰하고 기도하는 신자들로 가득했습니다. 세속에 물들었던 이 동네와 성당이 가장 거룩한 장소로 바뀐 것입니다.

계속되는 화해의 기적

비안네 신부는 세상을 떠나기 직전 가장 큰 프로젝트를 시작했습니다. 바로 자신이 머물고 있는 성당을 확장하는 일이었죠. 당시의 성당 규모로는 몰려드는 수많은 사람들을 다 수용할 수 없었습니다. 무엇보다 밤낮으로 고해성사를 기다리는 신자들을 길거리에 마냥 내버려둘 수는 없었죠. 비안네 신부는 신자들을 끔찍이 아꼈으니까요!

비안네 신부는 성당 건축 전문가인 피에르 보산Pierre-Marie Bossan이라는 사람에게 일을 맡겼습니다. 하필 왜 그였는지 보산에 관한 이야기를 잠깐 들려드리겠습니다. 보산은 종교 건축을 전문으로 하는 유명한 건축가였어요. 그렇다고 신앙심이 깊은 사람은 아니었습니다. 오히려 어떤 권위와 규범의 테두리 안에서 살지 않고 자신의 양심대로 자유롭게 사는 '자유사상가'였죠. 그래서 그런 걸까요? 그는 종교 건축을 통해 많은 돈을 벌고 명예도 얻었어요. 하지만 보

▲ 비안네 신부가 미사 때 입었던 제의.

▼ 비안네 신부가 앓다가 돌아가신 방.

산에게도 인간의 한계를 느끼는 일이 벌어졌습니다. 형과 함께 여행을 하던 중 형이 죽은 겁니다. 죽음을 경험한 사람은 삶이 무엇인지 깊은 고민에 빠지며 자신이 하던 일을 잠시 내려놓게 마련이죠. 보산도 그랬습니다. 모든 부와 명예를 손에서 내려놓고 1852년 여동생과 함께 유명하다고 소문이 난 아르스의 비안네 신부를 만나러 갔죠. 보산은 이 만남을 통해 인생의 전환점을 맞습니다. 그는 겸손한 마음으로 신앙을 되찾았고 진정한 종교 건축을 할 수 있는 사람으로 다시 발걸음을 내딛은 거예요.

그러니 비안네 신부가 보산에게 성당 증축을 맡긴 건 전혀 이상한 일이 아니었습니다. 그의 건축 실력은 충분히 증명돼 있었고 이젠 하느님과 화해까지 했으니 자격이 되고도 남는 사람이었죠. 하지만 비안네 신부는 과로와 폭염에 지친 나머지 1859년에 일흔세 살의 나이로 세상을 떠났습니다. 공사 기공도 못 보고 완공도 못 본 것입니다.

시간을 뛰어넘는 공간

증축 공사는 1862년에 시작해 1910년에 마쳤습니다. 보산은 비안네 신부를 극진히 존경하는 마음으로 그의 흔적을 전혀 지우지 않고 기존의 성당을 보존했어요. 성당의 제단 뒷벽만 철거해 큰 공

아르스 대성전의 내부와 입구.

밀랍 처리해 안치된 비안네 신부.

간으로 확장시킨 것이죠. 보통 기존의 성당을 다 철거하고 크고 웅장한 새 성당을 짓던 관례와는 전혀 달랐습니다. 덕분에 신자들은 자연스럽게 성당 입구에서 비안네 신부가 사용했던 제단, 강론대, 개인 기도 공간을 계속 볼 수 있게 됐죠. 과거를 현대까지 연결시키고 또 미래로 향하게끔 만든 아주 독특한 구조인 것입니다. 이 작고도 아름다운 성당은 1997년 성 요한 바오로 2세 교황에 의해 준대성전Basilique mineure으로 지정되기까지 했습니다.

비안네 신부도 이 성당에 잠들어 있습니다. 사람들은 비안네 신부의 죽음 이후 그를 밀랍 처리해 성당 안에 안치했어요. 언제나 신자들을 회개시키고 천국의 문으로 데려다주고 싶어 했던 비안네 신부의 사명은 지금까지도 이어지고 있습니다. 백 년의 시간이 무색할 정도로 정말로 많은 사람들이 비안네 신부를 보기 위해 아르스를 방문하고 있죠. 방문자들은 단순히 종교 유적지로 한정해서 이 대성전을 구경하지 않습니다. 정말로 가난하게 살았던 비안네 신부의 삶을 되돌아보고 또 화해의 기적이 일어났던 아르스 대성전을 둘러보면서 자신의 삶을 되짚어보는 시간을 가지죠.

순수한 마음이 하늘에 닿기까지

성 요한 마리아 비안네 신부와 관련된 아주 유명한 일화가 있습니다. 1818년 2월 9일, 마흔한 살의 젊은 비안네 신부가 아르스 성당 주임신부로 발령받았을 때의 일이에요. 비안네 신부는 먼 길을 직접 걸어서 아르스로 향했습니다. 하루가 거의 저물고 있는데 기상 조건까지 안 좋아져서 그는 자신이 가야 할 성당이 어디에 있는지 찾을 수 없었어요. 그때 지나가던 한 양치기 소년을 만나게 됩니다. 소년의 이름은 앙투안 지브르^{Antoine Givre}였어요.

비안네 신부는 소년에게 성당이 어디에 있는지 길을 안내해 달라고 도움을 청했습니다. 앙투안은 누군지도 모르는 사람에게 성당이 있는 곳을 친절히 알려줬고 비안네는 무척이나 만족해하며 이런 말을 했다고 합니다.

▲ 비안네 신부가 살았던 사제관 앞에 세운 신부의 동상.

▼ 비안네 신부와 앙투안이 만난 언덕에 세운 동상.

네가 나에게 아르스 가는 길을 알려줬으니, 나는 너에게 천국 가는 길을 알려줄게!

　　이후 앙투안이 어떻게 살았는지는 알려진 바 없습니다. 하지만 앙투안은 비안네 신부가 세상을 떠난 닷새 뒤인 1859년 8월 9일에 사망했다고 합니다. 나이 차가 꽤 났음에도 둘이 닷새 간격으로 세상을 등진 것이죠. 어쩌면 비안네 신부가 앙투안을 인도한 건 아닐까요? 자신에게 친절을 베푼 앙투안을 잊지 않고 천국으로 안내했을 뿐 아니라 손을 꼭 잡고 데려다준 게 아닐까요? 그리고 이 겸손한 사제의 삶은 아르스에 그대로 남아 전 세계 사제들의 모범이 되고 있습니다.

"너는 참 성당을 맛깔나게 설명한단 말이지."

저와 함께 여행했던 친구들은 언제나 이렇게 말하곤 했습니다. 혼자 여행하면서 성당을 둘러봤다면 그저 '멋있는 건축물'로만 알았을 텐데 성당을 제대로 이해할 수 있게 돼서 좋았다고 말이죠. 그러고는 책을 내보면 어떻겠느냐는 제안을 많이 했습니다. 더 많은 사람들에게 성당이라는 건축물이 종교적 의미를 뛰어넘어 사람들이 어떻게 살아왔는지 알 수 있는 매개체가 되었으면 좋겠다는 바람에서였어요.

그런데 사람들에게 직접 설명하든, 책처럼 종이에 씌어 있는 글자를 통해 전달하든 한 가지 원칙은 필요했습니다. 제가 직접 가본 성당만 설명해야 한다는 것이죠. 건축 양식과 장황한 역사를 설명하는 게 아니라 성당을 짓고 사용했던 사람들의 이야기를 전하려면 그 공간에 제가 반드시 있어야 했어요. 직접 성당을 면밀히 살펴보고 그 공간의 한가운데에서 엉겁의 세월을 느껴야 독자들에게도 조금이나마 진정성 있는 느낌을 전달할 수 있을 거라 믿었습니다.

2024년 기준으로 프랑스 가톨릭 교구는 94개이고, 가톨릭 행정구역을 가리키는 본당만 해도 9,718개입니다. 여러 성당과 경당이 묶여 하나의 본당을 이루니까 실제로 성당 건물은 수만 개에 이를 겁니다. 그중에서 저는 이번에 스무 개 성당에 직접 가보고 여러분께 소개했습니다. 성당 관계자들을 인터뷰하고 마을 주민들의 말을 직접 들어보면서 재미있는 이야기를 많이 수집할 수 있었습니다. 물론 역사적 사실을 따져가며 관련 자료도 참고했습니다. 비록 존재하는 모든 성당 수에 비해 무척 적은 곳을 소개하는 데 그쳤지만, 저는 이 책을 통해 여러분이 언젠가 프랑스를 방문했을 때 여러 성당들을 새로운 시선으로 바라볼 수 있을 것이라 확신합니다. 더 이상 성당을 구경하는 게 아니라 '읽을' 수 있게 되는 것이죠.

출판사로부터 이 책의 편집이 대부분 마무리되었다는 얘기를 들었을 때 저는 이탈리아 로마에 있었습니다. 한국 대표단의 일원으로 선발돼 바티칸에서 열리는 가톨릭 행사에 참석하기 위해서였죠. 성 베드로 대성전의 가장 앞자리에서 미사를 드리고 프란치스코 교황님도 개인적으로 알현할 수 있었습니다. 그리고 바티칸을 벗어나 로마 시내 한가운데를 유유히 걸어가는데 '역시 바티칸과 로마는 가톨릭교회의 중심이 맞구나'라는 걸 느낄 수 있었어요. 한 블록마다 크고 작은 성당이 있었고, 교황의 승인을 필요로 하는 대성전도 곳곳에 즐비했기 때문이죠.

한 성당, 한 성당에 들어섰을 때 온몸에서 느껴지는 전율을 아직도 잊을 수가 없습니다. 지척에 있는 성당이라도 서로 다른 모습과 사연이 새겨져 있다는 게 무척이나 신기했거든요. 그러면서 앞으로 여러분에게 들려드릴 성당 이야기가 참 많을 것 같다는 생각에 기뻤습니다. 나라마다 다른 배경에서 세워진 성당을 알아가는 재미를 계속 느끼게 해드리고 싶습니다. 성당 이야기는 끝나지 않았어요. 전 세계에 우리가 알 듯 모를 듯한 성당을 직접 찾아가고 여러분께 소개하는 작업은 계속 이어질 것입니다.

알고 나면 더 가보고 싶은
프랑스 성당

초판 1쇄 발행 2025년 3월 10일

지은이	이주현
펴낸이	김철식
펴낸곳	모요사
출판등록	2009년 3월 11일
	(제410-2008-000077호)
주소	10209 경기도 고양시 일산서구
	가좌3로 45, 203동 1801호
전화	031 915 6777
팩스	031 5171 3011
이메일	mojosa7@gmail.com
ISBN	979-11-991382-2-3 (set)
	979-11-991382-3-0 04980